COLECCIÓN CIENC

COLECCIONES

Belleza
Negocios
Superación personal
Salud
Familia
Literatura infantil
Literatura juvenil
Ciencia para niños
Con los pelos de punta
Pequeños valientes
¡Que la fuerza te acompañe!
Juegos y acertijos
Manualidades
Cultural
Medicina alternativa
Clásicos para niños
Computación
Didáctica
New Age
Esoterismo
Historia para niños
Humorismo
Interés general
Compendios de bolsillo
Cocina
Inspiracional
Ajedrez
Pokémon
B. Traven
Disney pasatiempos

Carlos Gutiérrez A.

Si quieres experimentar...
...en casa
puedes empezar
con
aire

SELECTOR
actualidad editorial

Doctor Erazo 120
Colonia Doctores
México 06720, D.F.

Tel. 55 88 72 72
Fax. 57 61 57 16

SI QUIERES EXPERIMENTAR... EN CASA PUEDES EMPEZAR/ CON AIRE

Ilustración de interiores: Blanca Macedo
Diseño de portada: Mónica Jácome

Copyright © 2002, Selector S.A. de C.V.
Derechos de edición reservados para el mundo

ISBN: 970-643-482-8

Primera edición: junio de 2002

FOMENTA LA CREATIVIDAD
RESPETA EL DERECHO DE AUTOR
NI UNA FOTOCOPIA MÁS

Características tipográficas aseguradas conforme a la ley.
Prohibida la reproducción parcial o total de la obra
sin autorización de los editores.
Impreso y encuadernado en México.
Printed and bound in México

Contenido

Introducción

Puedes dejar de comer y beber durante varios días, pero no puedes dejar de respirar por más de seis minutos. Los seres humanos respiramos todos los días de nuestra vida. El oxígeno del aire nos mantiene vivos.

El aire no puede tocarse ni verse, pero está en todas partes. Lo sentimos al respirar, o cuando se mueve como viento. También podemos advertirlo cuando se producen burbujas debajo del agua.

Las aves y los planeadores utilizan la corriente de aire que se forma en la atmósfera para mantenerse suspendidos en el espacio. El aire tiene, al moverse, la fuerza suficiente para desplazar los barcos de vela y las aspas de los molinos de viento, e incluso para destruir edificaciones.

Realizar los ejercicios y experimentos de este libro te permitirá reconocer qué es el aire, su importancia en la vida y la manera en que se está contaminando. Encontrarás además interesantes datos, récords e infinidad de cosas divertidas que se pueden hacer con material sencillo y barato a tu alcance.

I
El aire

¿Qué es el aire?

Si quieres saber la respuesta, coloca en los espacios en blanco del siguiente párrafo las palabras que aparecen en el cuadro de la clave, de acuerdo con el número del espacio.

El [1]_____ es una [2]_____ de [3]_____ que no podemos [4]_____, [5]_____ o [6]_____. Sin embargo, el [1]_____ nos rodea por todos lados, y lo podemos sentir en forma de [7]_____.

Los tres gases principales en el [1]_____ son el [8]_____, el [9]_____ y el dióxido de [10]_____.

Necesitamos respirar el [9]_____ para mantenernos vivos.

¡Para vivir es necesario el aire!

Clave

1. aire	6. probar
2. mezcla	7. viento
3. gases	8. nitrógeno
4. ver	9. oxígeno
5. oler	10. carbono

¿Cuáles son los gases que contiene el aire?

El aire es una mezcla de gases; sus principales componentes son el nitrógeno (78%) y el oxígeno (21%). Además de pequeñas partículas de polvo, el aire también contiene vapor de agua y dióxido de carbono.

Si quieres tener una idea más precisa de la proporción en que se encuentran sus principales componentes, ilumina el globo de acuerdo con la clave que se te da.

Componentes del aire

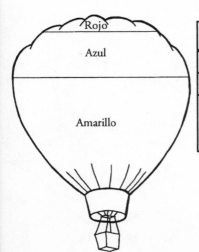

Color	Gas o gases
Rojo	Nitrógeno
Azul	Oxígeno
Amarillo	Dióxido de carbono, vapor de agua, etcétera.

¿Cuál es el nombre de esta mezcla de gases?

Es una mezcla de gases transparente, inodora, insípida y elástica, mala conductora del calor y de la electricidad, en especial cuando está seca; se encuentra en la atmósfera.

Si quieres conocer el nombre de esta mezcla de gases ordena de forma correcta las letras que se encuentran en las figuras, de manera que se ajusten. Una ayuda: el nombre de la mezcla termina con la letra e.

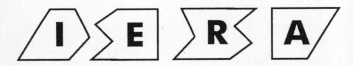

Se trata del _____.

Muchos seres vivos necesitan esta mezcla de gases para vivir.

14

¿Quién descubrió que el aire es una mezcla de gases?

Los científicos empezaron a interesarse en el estudio del aire a partir del siglo XVII. En 1630 el francés Jean Rey observó que el estaño y el plomo aumentaban de peso cuando eran calcinados; atribuyó dicho aumento al aire ambiental.

Si quieres saber quién descubrió, en 1668, que el aire es en realidad una mezcla de varios gases, encuentra la salida del siguiente laberinto.

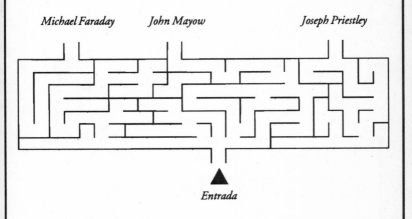

Michael Faraday   *John Mayow*   *Joseph Priestley*

Entrada

Se trata de ———————————————.

Daniel Rutherford descubrió en el aire la existencia de un gas que llamó "aire metítico".

La teoría de los cuatro elementos

El filósofo griego Empédocles propuso la teoría de los cuatro elementos, en la cual se señala que la combinación de éstos, en proporciones variables, creaba todas las cosas de la naturaleza. Tres de dichos elementos son el agua, la tierra y el fuego.

Si quieres conocer el cuarto elemento, coloca en las casillas en blanco las letras que las unen mediante líneas.

Se trata del

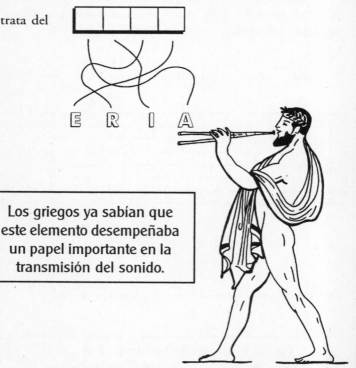

E R I A

Los griegos ya sabían que este elemento desempeñaba un papel importante en la transmisión del sonido.

Aristóteles fue uno de los grandes científicos que aceptaron esta teoría, la cual perduró hasta fines de la Edad Media (siglo XIV).

16

¿Dónde está el aire?

En esta actividad descubrirás que el aire ocupa diminutos espacios en toda clase de objetos.

Qué necesitas

- Un vaso de vidrio grande.
- Un frasquito vacío.
- Un pedazo de barro.
- Agua.
- Tierra.

Qué hacer

- Vierte agua en el vaso de vidrio hasta las tres cuartas partes de su volumen.
- Coloca el frasquito debajo del agua y déjalo que se llene. ¿Qué observas? (Fíjate en la figura de abajo).
- Retira el frasquito y deja caer el pedazo de barro. Espera unos minutos. ¿Qué observas?
- Por último, vierte un poco de tierra en el vaso, después de haber retirado el pedazo de barro. ¿Qué observas?

Conforme se introduce el agua en el frasquito, el aire es desplazado y emerge a la superficie en forma de burbujas.

17

Qué sucedió

Cuando se coloca el frasquito en el agua que está en el vaso, ésta se introduce en él, desplazando el aire de su interior, por lo cual se observan burbujas de aire mientras se llena. También se observan burbujas de aire elevándose en el agua cuando se introducen el pedazo de barro o un poco de tierra. Estas experiencias demuestran que en nuestro planeta Tierra, el aire ocupa los espacios grandes o pequeños que existen en los cuerpos.

¿Quién dedujo por primera vez los porcentajes de oxígeno y nitrógeno que contiene el aire?

Si lo quieres saber, une de manera correcta las sílabas, de tal forma que las figuras en que se encuentran éstas se acoplen. Escribe en el espacio en blanco el nombre del científico.

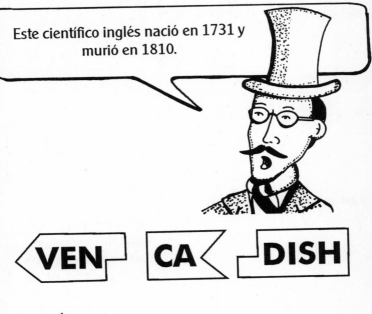

Este científico inglés nació en 1731 y murió en 1810.

VEN CA DISH

Su nombre es _____.

Este científico determinó por primera vez, en 1783, que el aire se compone de un 20.83% de oxígeno y un 79.17% de nitrógeno.

19

Los científicos y el aire

En el estudio del aire y sus componentes han participado diversos investigadores. Si quieres conocer qué aportaciones hizo cada uno de los científicos de la columna de la izquierda, une las figuras iguales de ambas columnas.

Científico			Aportación

Robert Wilheim Bunsen   Publicó una obra sobre la elasticidad del aire.

William Ramsay   Descubrió un procedimiento para la licuefacción industrial del aire.

Robert Boyle   Descubrió que, además de oxígeno y nitrógeno, el aire contiene otros gases; neón, argón, criptón y xenón.

Karl von Linde Demostró que la composición del aire no es rigurosamente constante ni en el espacio ni en el tiempo.

¿Quién descubrió que el aire contiene argón?

_____.

¿Quién es este científico?

Este científico francés hizo en 1777 el experimento que se ha considerado como el más célebre en los anales de la química; durante 12 días con sus noches, calentó mercurio en presencia de un determinado volumen de aire, lo cual le permitió analizarlo, separar el oxígeno del nitrógeno y, por último, volver a formar el aire mezclándolos de nuevo.

Si quieres saber el nombre de tan inteligente científico coloca en los espacios en blanco, de manera correcta, las vocales que se encuentran en el círculo.

A este científico no le fue fácil separar el oxígeno y el nitrógeno del aire.

¿Hay agua en el aire?

En esta actividad verificarás que en el aire atmosférico hay agua.

Qué necesitas

- Un vaso de vidrio de paredes delgadas.
- Agua.
- Cubos de hielo.
- Un trapo seco.

Qué hacer

- Vierte agua en el vaso hasta la mitad de su volumen.
- Asegúrate de que la superficie exterior del vaso esté seca.
- Agrega suficientes cubos de hielo al vaso con agua hasta llenarlo como se indica en la figura de abajo.
- Comprueba que la superficie exterior del vaso esté seca.

Agua + hielo →

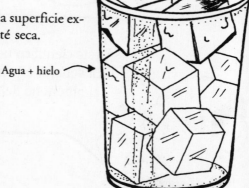

Vierte agua y los cubos de hielo en el interior del vaso.

- Espera diez minutos. ¿Qué observas en la superficie exterior del vaso?
- Prueba el líquido que se encuentra en la superficie exterior del vaso. ¿Qué sustancia es?

Qué sucedió

Al cabo de unos minutos, en la superficie exterior del vaso aparecen gotas de agua. Esto se debe a que el hielo enfría tanto el agua como el vidrio del vaso. Asimismo, parte del agua que se encuentra en forma de vapor alrededor del vaso también se enfría y se convierte en agua en forma de gotas. De esta manera, se hace visible el vapor de agua que se encuentra en el aire atmosférico.

¿Qué es el higrómetro?

Es un instrumento que sirve para medir la humedad del aire. Los materiales que se emplean en su construcción son higroscópicos, es decir, materiales que al absorber la humedad ambiental se alargan, tanto más cuanto más húmedo sea el aire. Se emplean cabellos (previamente desengrasados), filamentos de cuerno de buey y tirillas de intestinos.

Un haz de cabello es fijado en un extremo, en el soporte del instrumento, y del otro extremo pende un contrapeso cuyo movimiento vertical es proporcional a la humedad ambiente. La aguja indicadora puede ser un estilete inscriptor que permita trazar una curva sobre el gráfico enrollado en un tambor, tal como se muestra en la figura inferior. El alargamiento de los cabellos puede ser de 2.5% cuando la humedad pasa de cero hasta saturar el aire donde se encuentran.

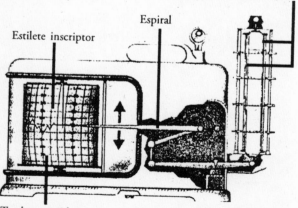

Haz de cabellos que se encogen (sequedad) o se estiran (humedad)

Espiral

Estilete inscriptor

Tambor movido por un mecanismo de relojería y papel gráfico que registra los cambios de humedad

Higrómetro registrador, tipo cabello.

¿De dónde proviene el oxígeno?

Si quieres saber dónde se produce el oxígeno que se encuentra en la atmósfera, coloca la letra *e* en los espacios en blanco del párrafo siguiente:

__l oxíg__no qu__ r__spiramos __s tomado d__l air__. __llas ayudan a qu__ no s__ agot__ __l qu__ __xist__ __n la atmósf__ra. Las plantas v__rd__s son las __ncargadas d__ producir __st__ gas __n sus hojas cuando, gracias a la luz d__l Sol, produc__n su alim__nto.

¡Las plantas producen el oxígeno que necesitamos!

¿Puede arder el fuego sin aire?

En esta actividad podrás comprobar que el fuego deja de arder en ausencia del oxígeno.

Qué necesitas

- Dos velas.
- Dos portavelas.
- Cerillos.
- Un frasco de vidrio de mayor altura que la vela.

Qué hacer

- Coloca las velas en los portavelas.
- Enciende las velas (si eres pequeño o pequeña pídele a un adulto que te ayude).
- Déjalas encendidas y describe lo que observas.

Enciende las velas

• Ahora cubre una de las velas con el frasco, como se muestra en la figura siguiente.

Cubre una de las velas con el frasco y observa lo que sucede.

¿Qué le sucede a la vela cubierta? ¿Y a la vela que no se cubrió?

Qué sucedió

La vela que se cubrió con el frasco se apagó una vez que se consumió el oxígeno del aire contenido dentro del frasco. Esto se debe a que el fuego consume el oxígeno del aire cuando arde. Si un fuego no obtiene suficiente oxígeno, se apaga.

Los bomberos usan agua y otras sustancias que, en contacto con el fuego, producen vapor de agua o gases que desplazan el aire, y con él al oxígeno que alimenta a las llamas.

¿Un vaso vacío?

Experimento

Con esta actividad te darás cuenta de que un vaso nunca está vacío.

Qué necesitas

- Un vaso tequilero.
- Un recipiente transparente de boca ancha.
- Un trozo de papel.
- Agua.

Qué hacer

Toma el vaso tequilero y pregúntale a un amigo si está vacío o está lleno. Para confirmar o refutar su respuesta realiza lo siguiente:

- Introduce en el vaso tequilero el trozo de papel, apretándolo contra el fondo de modo que no se caiga al girarlo boca abajo.
- Vierte agua en el recipiente de boca ancha hasta tres cuartas partes de su volumen y sumerge el vaso tequilero, previamente invertido, como se muestra en la figura.
- Mantén el vaso sumergido durante unos 20 segundos. Al cabo de este tiempo retira el vaso y saca el pedazo de papel. ¿Qué sucede? ¿Está mojado?

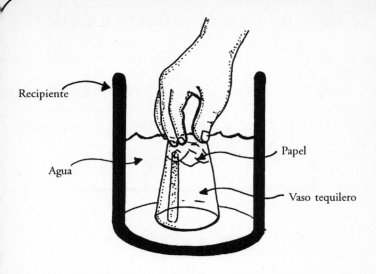

Recipiente

Agua

Papel

Vaso tequilero

El papel del vaso tequilero no se moja cuando éste se encuentra sumergido a la inversa en el agua.

Qué sucedió

El vaso tequilero no está vacío, en realidad está lleno de aire, por lo cual el agua no puede introducirse en él cuando se le sumerge en forma invertida, lo cual se constata por el hecho de que el papel permanece seco. Esto evidencia que el aire ocupa un lugar en el espacio.

¿Existe aire en el espacio exterior?

El aire no se encuentra en el espacio exterior, sólo alrededor de la Tierra, en la atmósfera.

Con el fin de que identifiques la palabra faltante en los espacios de las oraciones de abajo, coloca las letras en las casillas siguiendo las líneas que las unen. Una vez hecho esto, escribe la palabra en dichos espacios.

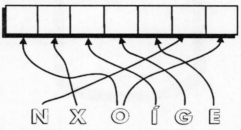

N X O Í G E

Al no haber aire, no hay _____ para que los astronautas respiren.

Por esta razón tienen que llevar tanques de _____ cuando están fuera de la nave espacial.

Sin el tanque de oxígeno el astronauta no podría estar fuera de la nave espacial.

¿Puede el aire impedir la entrada de agua?

En esta actividad verificarás que una botella llena de aire no puede llenarse con agua.

Qué necesitas

- Una botella de refresco (vacía).
- Un embudo.
- Plastilina.
- Un vaso.
- Agua.
- Colorante vegetal.

Qué hacer

- Coloca el embudo en el cuello de la botella vacía y, con la plastilina, rellena bien el espacio que queda entre el cuello de la botella y el embudo, tal como se muestra en la figura.
- Asegúrate de que no existan fugas entre el cuello de la botella y el embudo. Vacía con rapidez el agua, previamente coloreada. Observa lo que ocurre.
- Si ahora retiras la plastilina del cuello de la botella, ¿qué le sucede al agua del embudo?

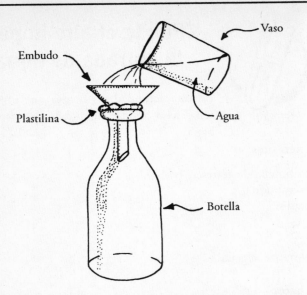

Asegúrate de que no existan fugas entre el cuello de la botella y el embudo.

Qué sucedió

Mientras la plastilina tapa el espacio entre el embudo y el cuello de la botella, el agua no penetran en ella, debido a que el aire interior de la botella impide la entrada del agua.

Sin embargo, cuando se retira la plastilina, el aire de la botella puede escapar por el espacio que queda entre el embudo y el cuello de la botella y el agua del embudo pasa a ocupar el espacio interior de la botella. En esta actividad se comprueba el principio de impenetrabilidad, que establece que dos cuerpos no pueden ocupar el mismo espacio al mismo tiempo.

¿Puede el aire aislar el calor?

En esta actividad comprobarás que el aire no es buen conductor del calor.

Qué necesitas

- Tres frascos pequeños del mismo tamaño, vacíos y con tapa.
- Una caja.
- Papel periódico.
- Agua caliente.
- Un termómetro.
- Dos ligas.

Qué hacer

- Coloca un frasco dentro de la caja y rodéalo con papel periódico, como se muestra en la figura A.

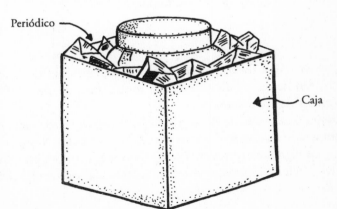

Periódico

Caja

Figura A. El frasco debe estar completamente rodeado con papel periódico.

- Envuelve otro de los frascos con papel periódico y sujétalo con ligas, como se muestra en la figura B.

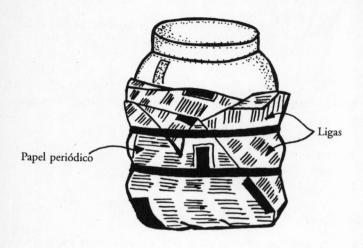

Ligas

Papel periódico

Figura B. Con las ligas sujeta el papel al frasco.

- Deja el tercer frasco sin envolver. Vierte con cuidado igual cantidad de agua caliente en cada frasco. Procura llenarlos y taparlos de inmediato.
- Después de media hora, con ayuda del termómetro, toma la temperatura del agua en cada frasco y compáralas. Si no tienes un termómetro toma la temperatura con tu dedo meñique. ¿Cuál de los frascos contiene el agua más caliente? ¿Cuál contiene el agua más fría?

Qué sucedió

El frasco más caliente es el que ha sido mejor protegido con el papel y la caja, es decir, el que se ha aislado mejor. Este aislamiento se debe a la capa de aire atrapado en la caja entre el agua caliente y el aire frío del exterior. Esto evita que el calor se escape. El agua de los frascos envueltos con papel periódico permanece más caliente que la del frasco que se encuentra en contacto con el aire exterior. Este hecho evidencia que el aire inmóvil que rodea a un cuerpo se comporta como un aislante térmico.

¿Por qué a algunas ventanas se les ponen vidrios dobles?

Cuando el aire atmosférico es frío, las casas pierden calor a través de sus ventanas, las puertas y el techo. A fin de evitarlo, se tapan las aberturas de las puertas y ventanas y se colocan en las ventanas vidrios dobles, los cuales retienen una capa de aire. Esta capa separa al aire caliente del interior del aire frío del exterior, y evita que se escape el aire caliente del interior.

El aire es mal conductor del calor.

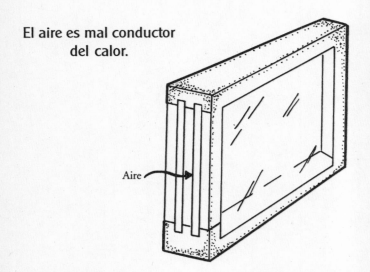

Aire

En los lugares fríos, las casas tienen ventanas con vidrios dobles; el aire atrapado entre ellos, al ser mal conductor del calor, evita que el calor interior de la casa se escape.

¿Cómo protegernos del frío?

Para protegernos del frío cubrimos nuestro cuerpo con ropa. De esta manera evitamos el contacto directo con un ambiente frío o caliente, puesto que la ropa que nos ponemos retiene una capa de aire. Como el aire es un mal conductor de calor, nos aísla del exterior, y nos protege de las bajas temperaturas o del calor excesivo. Entre más ropa nos pongamos más capas de aire nos protegerán.

El aire entre nuestra ropa y nuestro cuerpo forma una capa aislante que nos protege.

Aire

El aire aprisionado entre las plumas de las aves aísla el cuerpo de éstas del exterior. Cuando hace mucho frío, las aves se esponjan para atrapar más aire entre sus plumas.

El aire atrapado entre las plumas de las aves las protege de las temperaturas bajas.

Experimento

¿Qué le sucede al aire con la temperatura?

Esta actividad te permitirá comprobar que el aire incrementa su volumen con la temperatura.

Qué necesitas

- Una botella o un matraz de fondo plano.
- Un tapón de corcho perforado.
- Un tubo de vidrio doblado a un ángulo de 90°.
- Una gota de agua coloreada con colorante vegetal.
- Cinta adhesiva.
- Una vela.

Qué hacer

- Pasa el tubo de vidrio por la perforación del tapón de corcho. Debe quedar bien ajustado.
- Coloca una gota de agua coloreada en el tubo de vidrio, de tal manera que se encuentre cerca del ángulo de 90°.
- Arma el dispositivo que se muestra en la figura y marca con la cinta adhesiva la posición de la gota de agua coloreada en el tubo.
- Una vez hecho lo anterior, toma entre tus manos el matraz y observa la nueva posición de la gota de agua coloreada. Si quieres que la gota coloreada se desplace más lejos, acerca la botella a la flama de una vela.

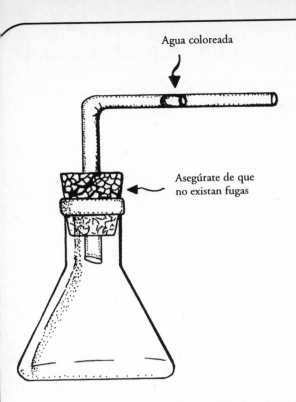

Agua coloreada

Asegúrate de que no existan fugas

Al tomar la botella entre las manos, la gota de agua coloreada se desplaza.

Qué sucedió

El aire, al igual que otros gases, incrementa su volumen al aumentar su temperatura. Al tocar la botella con las manos se incrementa la temperatura tanto de la botella como del gas encerrado. Recuerda que la temperatura de los seres humanos es de 37°C. Este incremento del gas en la botella desplaza la gota de agua coloreada en el tubo hacia el extremo abierto.

¿Una espiral giratoria?

En esta actividad podrás observar cómo las corrientes de aire caliente ascendentes son capaces de hacer girar una espiral.

Qué necesitas

- Una hoja de papel.
- Un tapón de corcho.
- Tijeras.
- Un trozo de alambre con punta.
- Una lámpara con sóquet.
- Un dedal.
- Un soporte con pinzas.

Qué hacer

- Corta la hoja de papel como se muestra en la figura A y haz un agujero en el centro, donde puedas insertar el dedal.
- Arma el dispositivo que se muestra en la figura B: clava el alambre en el tapón de corcho; sitúa la espiral precisamente debajo de la lámpara. Asegúrate de que pueda girar.
- Enciende la lámpara y observa lo que sucede. Compara el comportamiento de la espiral antes y después de encendida aquélla.

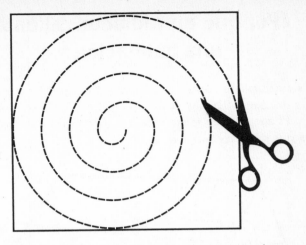

Figura A. Primero dibuja la espiral sobre la hoja y después córtala con cuidado.

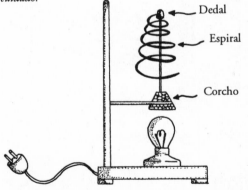

Dedal

Espiral

Corcho

Figura B. ¿Qué le sucede a la espiral al encender la lámpara?

Qué sucedió

Al encender la lámpara y calentar ésta el aire que la rodea, la espiral empieza a girar debido al aire caliente que asciende y a la forma de la espiral.

¿Por qué un radiador calienta una habitación?

Si una habitación cuenta con un radiador, como se muestra en la figura, éste calienta el aire en las regiones bajas de la habitación. El aire caliente se expande y se eleva hacia el techo, debido a que se vuelve más liviano.

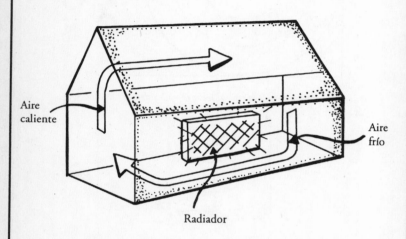

Aire caliente

Aire frío

Radiador

Se forman corrientes de aire en una habitación calentada con un radiador.

Entonces el aire frío se desplaza para ocupar las regiones dejadas por el aire más caliente. Este desplazamiento de aire en una habitación se debe al fenómeno conocido como *convección*.

Si quieres saber con qué nombre se conoce al movimiento del aire cuando es producido tal como en la habitación que tiene un radiador, coloca, en los espacios en blanco, las sílabas en orden ascendente de acuerdo con el número de puntos que tiene cada ficha.

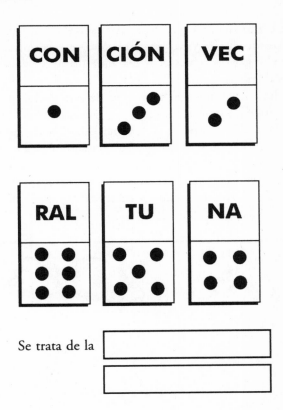

Se trata de la

El aire caliente en una habitación se puede escapar a través de puertas y ventanas. Por tal razón, el radiador se mantiene funcionando. En un refrigerador, la *convección* se utiliza para hacer circular el aire frío alrededor de la comida.

¿Por qué se producen las brisas marinas?

Se ha comprobado que el aire caliente es más liviano que el aire frío. Cuando el aire se calienta, se eleva, y el aire frío pasa a ocupar el lugar que antes ocupaba aquél. Esto provoca las corrientes de aire.

Las brisas marinas son corrientes de aire que se producen de la siguiente manera:

Durante el día la tierra se calienta más rápido que el agua del mar. Por lo tanto, el aire que se encuentra sobre la tierra se calienta y sube. El aire frío del mar se desplaza y ocupa el lugar que antes ocupaba el aire caliente, como se muestra en la figura A. A estas corrientes de aire se les conoce como brisa marina.

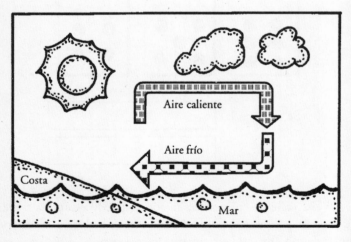

Figura A. Corrientes de aire durante el día.

Durante la noche, sin embargo, la tierra se enfría más rápido que el mar, por lo tanto, el agua del mar está más caliente que la tierra. Esto provoca una corriente de aire opuesta a la que se produce durante el día. Es decir, el aire del mar se eleva y el aire frío de la tierra ocupa su lugar como se muestra en la figura B.

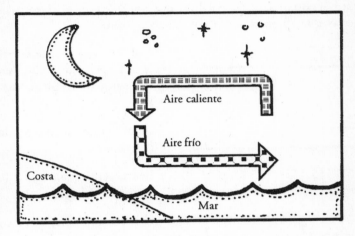

Figura B. Corrientes de aire durante la noche.

¿Cuál es el significado de estas palabras?

En la columna de la izquierda coloca las palabras que se relacionan con el significado de la columna de la derecha. Para esto, auxíliate con las palabras que aparecen en la clave y las letras que aparecen en la columna izquierda.

`□□□□□N□□□`	Con este nombre se conoce a la persona nacida en una aeronave en pleno vuelo.
`□□□□□□□O□□`	Máquina accionada por la fuerza del aire.
`□□□□□□□R□`	Instrumento para medir la densidad del aire.
`□□□□□□□□□A`	Ciencia que tiene por objeto investigar el aire y estudiar las variaciones atmosféricas.
`□□□□□□□□□□□`	Instrumento que sirve para recoger el polvo del aire y determinar su naturaleza, cantidad y composición.

Clave

AERONATO
AEROMOTOR
AREÓMETRO
AEROSCOPIO
AEROSCOPÍA

¿Cuál es la diferencia entre aerofobia y aerognosia?

A fin de que identifiques el significado de estas palabras y otras que aparecen en la columna de la izquierda, relaciona las dos columnas mediante líneas que unan los dos círculos iguales.

Aerofobia   Con este nombre se conoce al ser vivo que necesita del aire para subsistir.

Aerícola   Ciencia de los movimientos y variaciones de la atmósfera.

Aerognosia   Dícese de las plantas y animales que viven en el aire.

Aerobio   Parte de la física que trata las propiedades del aire.

Aerología   Síntoma de algunas enfermedades nerviosas, que consiste en tener miedo al aire.

¡El ser humano es un ser aerobio!

¿Es fácil inflar un globo?

Con esta actividad podrás darte cuenta de que no siempre es fácil inflar un globo.

Qué necesitas

- Una botella de plástico transparente.
- Un globo.

Qué hacer

- Coloca el globo en la boquilla de la botella.
- Con uno de tus dedos introduce el globo en el cuello de la botella.
- Reta a uno de tus amigos a que infle el globo dentro de la botella.

¿Puede inflarlo? ¿Qué observas?

Sopla fuertemente para que el globo se infle.

Por más que sople tu amigo, el globo no se inflará.

Qué sucedió

Cuando se sopla dentro del globo, el aire que está dentro de la botella se comprime. Pero este aire comprimido ejerce una presión suficientemente grande como para evitar que el globo se infle por completo en el interior de la botella.

¿Cómo levantar un vaso?

En este experimento podrás levantar un vaso sin tocarlo con tus manos.

Qué necesitas

- Un vaso de plástico.
- Un globo.

Qué hacer

- Coloca el vaso sobre la mesa. Pídele a uno de tus amigos que levante el vaso sin tocarlo con las manos o su boca. De seguro no podrá.
- Demuéstrale que sí es posible, metiendo el globo en el vaso. Ínflalo hasta que "llene el vaso" y un poco más.
- Manteniendo la boquilla del globo cerrada, levanta el globo con todo y vaso. Sosténlo en el aire; observa la figura.

Con el globo inflado se puede levantar el vaso sin tocarlo.

Qué sucedió

Al inflar el globo, la presión que el aire contenido ejerce sobre las paredes del vaso evita que éste se caiga al levantarlo.

49

¿Se acercan o se alejan?

En este experimento verificarás que al soplar entre dos hojas de papel, éstas tienen un comportamiento diferente al esperado.

Qué necesitas

• Dos hojas de papel tamaño carta.

Qué hacer

• Sostén las dos hojas con tus manos en forma paralela entre sí, como se muestra en la figura.
• Acércalas frente a tu cara y sopla muy fuerte en el espacio entre ellas. ¿Qué sucede, se acercan o se alejan?

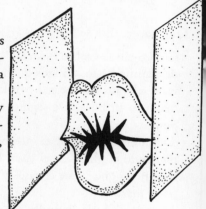

Sopla muy fuerte entre las hojas.

Qué sucedió

El aire que soplas entre las hojas hace que éstas se acerquen, en lugar de que se separen más.

De acuerdo con el principio de Bernoulli, al aumentar la rapidez del aire en un conducto, en este caso entre las hojas, la presión disminuye. Como la presión atmosférica que existe en la parte exterior de las hojas resulta mayor que la presión que existe entre ellas, las hojas se juntan.

Otras palabras relacionadas con el aire

Coloca la letra *e* en los espacios en blanco de la columna de la derecha, para que puedas identificar el significado de los términos que aparecen en la columna de la izquierda.

AIROSO

Díc__s__ d__l ti__mpo o sitio __n qu__ hac__ mucho air__.

AIREAR

Pon__rs__ al air__ o v__ntilar una cosa.

AEROTERAPIA

Proc__dimi__ntos t__rap__uticos para __l tratami__nto d__ las __nf__rm__dad__s por la acción d__l air__ d__l mar o d__ las montañas.

AEROSTÁTICA

Part__ d__ la física qu__ inv__stiga las l__y__s d__l __quilibrio d__ los cu__rpos __n __l air__.

¿Tiene fuerza un globo?

Este experimento te ayudará a constatar que si soplas muy fuerte puedes levantar uno o más libros con tu soplido. Seguro, has de pensar que esto no es posible; pero si lo haces sorprenderás a tus amigos y familiares.

Qué necesitas

- Un globo grande (casi del tamaño de un libro).*
- Varios libros.

  * Si no tienes un globo grande, puedes utilizar una bolsa de plástico ligeramente mayor que el tamaño del libro.

Qué hacer

- Coloca el globo sobre la mesa, de manera que sobresalga la boquilla del globo del borde de la mesa.
- Pon el libro o los libros sobre el globo.
- Sopla muy fuerte por la abertura del globo, la cual debe asomarse por debajo de los libros, ¿qué sucede?

El libro o los libros deberán colocarse encima del globo. Sopla muy fuerte.

Qué sucedió

Los libros son levantados por tu soplido al ser sometidos por el aire comprimido en el globo.

La presión que tú ejerces con tu soplido se transmite a todo el aire contenido en el interior del globo y a la superficie del globo. La presión del aire en el interior del globo llega a ser igual o mayor que la presión que el libro o libros ejercen sobre el globo debido a su peso.

La botella transparente

En este experimento* comprobarás que aunque coloques una botella entre tu soplido y la flama de una vela, ésta se apagará.

Qué necesitas

- Una botella de leche o de refresco.
- Un portavelas.
- Una vela.
- Cerillos.

* Este experimento deberás realizarlo bajo la supervisión de un adulto.

Qué hacer

- Coloca la vela sobre el portavelas en una mesa y enciéndela.
- Coloca la botella frente a la vela como se ilustra en la figura.
- Sopla desde atrás de la botella hacia la vela y observa lo que sucede.

Sopla muy fuerte y observa lo que le sucede a la flama de la vela.

Qué sucedió

En contra de lo que se podría esperar, la llama de la vela se apaga al soplar a través de la botella.

Esto es posible ya que, a causa de la forma de la botella, la corriente del aire se une otra vez detrás de la botella con la misma rapidez con la que se sopló. Este experimento te permite darte cuenta de por qué no es muy efectivo protegerse del viento detrás de un árbol.

¿Los globos se alejan?

Si realizas este experimento, podrás evidenciar que al aumentar la rapidez de un fluido, disminuye la presión que éste ejerce en sus alrededores.

Qué necesitas

- Dos globos.
- Hilo.

Qué hacer

- Infla los globos y ata cada uno de ellos a un trozo de hilo de un metro aproximadamente.
- Ata los globos sobre un tubo o palo, de manera que queden separados unos cinco centímetros, como se muestra en la figura..
- A continuación sopla con fuerza en el espacio entre los globos y observa lo que sucede.

Qué sucedió

Mientras tú soplas, los globos tratan de unirse debido a que la corriente de aire que produces hace que disminuya la presión atmosférica en el espacio entre ellos. Ante esta *depresión*, la presión atmosférica que hay sobre las partes externas de los globos los obliga a juntarse. Este efecto fue observado por Daniel Bernoulli en el siglo XVIII.

¿Cómo funciona un atomizador?

En esta actividad podrás reconocer que un atomizador funciona debido a que un líquido puede ascender por un tubo si la presión en su parte superior disminuye.

Qué necesitas

- Un popote.
- Una navaja o tijeras.
- Un vaso.
- Agua.

Qué hacer

- Llena con agua el vaso. Corta parcialmente el popote, como se muestra en la figura A.

Corte

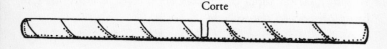

Figura A. Haz un corte a la mitad del popote, de manera que se mantenga unido.

- Introduce una mitad del popote en el agua del vaso de manera que el popote no sobresalga más de un centímetro sobre la superficie libre del agua. Mantén la otra parte del popote de manera horizontal, es decir, perpendicularmente a la sumergida en el agua. A continuación sopla muy fuerte por el extremo libre del popote horizontal, como se muestra en la figura B. ¿Qué observas?

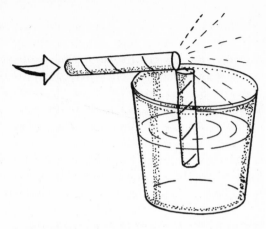

Figura B. El soplido disminuye la presión en la parte superior del orificio del popote vertical, y el agua asciende por el popote.

Qué sucedió

El agua del vaso asciende por el popote vertical hasta llegar a su parte superior, donde es expulsada violentamente, en forma de una nube de diminutas gotas. Esto se debe a que la corriente de aire que se produce al soplar genera en la parte superior del popote una cierta depresión, debido a la velocidad del soplido.

Como la presión atmosférica situada sobre la superficie libre del agua del vaso es la normal, empuja el agua, de modo que ésta penetra por el propio popote hasta alcanzar su parte superior. En esta parte, el choque de la corriente de aire dispersa el agua en pequeñas gotitas. Los atomizadores de los perfumes funcionan de manera similar.

¿Cuál es el nombre de esta corriente de aire?

Es una corriente de aire que se dirige de una zona de alta presión a otra de baja presión o entre regiones de la atmósfera desigualmente calentadas por los rayos solares. Dicha corriente es capaz de erosionar materiales recosos y terrenos y transportar los materiales erosionados a través de vastas áreas, depositándolos finalmente sobre la tierra. De este modo, esta corriente nivela el terreno aquí, y lo eleva más allá, lo excava formando hoyos y va creando los característicos tipos de paisaje que vuelven la superficie terrestre magníficamente variada.

Si quieres conocer el nombre de esta corriente de aire, coloca las letras en las casillas en blanco siguiendo las líneas que las unen.

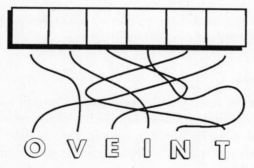

O V E I N T

Quizá dentro de muchos años esta pequeña montaña ya no exista, debido a la erosión.

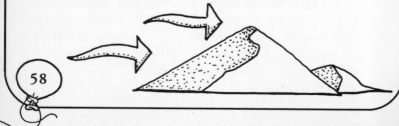

58

Construye tu propio submarino

En esta actividad construirás un submarino sencillo y reconocerás cómo puede ascender.

Qué necesitas

- Una botella de plástico de medio litro, de cuello angosto.
- Cinta adhesiva.
- Cuatro monedas grandes de diez pesos.
- Un clavo.
- Plastilina.
- Un metro de tubo de plástico flexible.
- Una palangana o tina grande.
- Agua.

Qué hacer

- Con ayuda del clavo, haz dos perforaciones pequeñas a un costado de la botella.
- Pega con la cinta adhesiva las cuatro monedas al mismo costado de la botella, como se muestra en la figura A. Las monedas ayudarán a sumergir la botella.

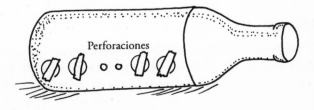

Figura A. Pega dos monedas a cada lado de las perforaciones.

- Introduce el tubo de plástico en el cuello de la botella y séllalo con plastilina.
- Vierte agua en la palangana o tina hasta que tenga una profundidad aproximada de 15 cm.
- Sumerge el frasco o "submarino" en la palangana y déjalo que se llene de agua.
- Ahora sopla por el tubo para introducir aire dentro del recipiente o "submarino". Cuando soples, el agua saldrá por las perforaciones hechas con el clavo.
- Conforme el "submarino" comience a llenarse de aire, ascenderá lentamente a la superficie.
- Puedes controlar su ascenso o descenso alterando la cantidad de aire en su interior (figura B.)

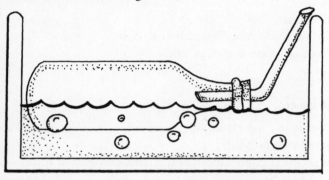

Figura B. Al introducir aire en la botella, ésta tiende a ascender.

Qué sucedió

El recipiente o "submarino" se hunde cuando está lleno de agua, pero emerge conforme se introduce aire en él, y flota cuando se ha desplazado el agua. Esto se debe a que el aire pesa menos que el mismo volumen de agua. Ahora comprendes cómo funciona un submarino cuando asciende a la superficie libre del agua.

¿Megáfono o trompetilla?

En esta actividad podrás construir con material casero un megáfono y verificar que se puede convertir en una trompetilla.

Qué necesitas

- Una hoja de cartulina de 40 x 35 cm.
- Unas tijeras.
- Cinta adhesiva.

Qué hacer

- Para hacer el megáfono, enrolla la cartulina en forma de cono, pégala como se ilustra en la figura A y corta la punta del cono para abrir un pequeño agujero.

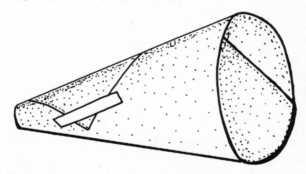

Figura A. Enrolla la cartulina en forma de cono. Corta la punta del cono y el extremo opuesto para que se pueda poner de pie.

- Grita sin el megáfono y luego grita por la punta del cono. ¿Cómo escuchará mejor un amigo que se encuentre alejado pero enfrente de ti? ¿Por qué?

61

Figura B. Megáfono.

• Para convertir el megáfono en trompetilla, lleva la punta del cono a tu oído, como se muestra en la figura C.

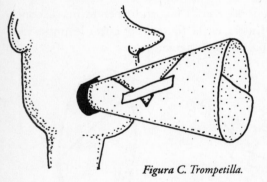

Figura C. Trompetilla.

• Pídele a uno de tus amigos que te grite a cierta distancia, primero sin la trompetilla en tu oído y después con ella. ¿Cómo escuchas mejor? ¿Por qué?

Qué sucedió

El cono concentra tanto el sonido que se emite como el que se recibe y evita que el sonido se disperse en un mayor volumen. Por lo mismo, una persona escucha mejor cuando se le habla por el megáfono. Asimismo, se escucha mejor con la trompetilla que sin ella.

Cómo construir una veleta casera

En esta actividad puedes construir, con material casero, una veleta que te permita conocer la dirección del viento.

Qué necesitas

- Un vaso de plástico o un envase de yogur.
- Un lápiz con goma.
- Un alfiler.
- Un popote.
- Plastilina.
- Cinta adhesiva.
- Tijeras.
- Cartulina.

Qué hacer

- Haz un agujero en el centro de la base del vaso de plástico y coloca el lápiz en él como se muestra en la figura A.

Coloca el lápiz en el agujero del envase.

Plastilina

Cartulina

Figura A. El lápiz debe pasar por el agujero.

63

- En un cuadrado de cartulina coloca una placa de plastilina.
- Encima de la plastilina coloca el vaso boca abajo.
- Corta dos triángulos pequeños de cartulina y coloca uno en cada extremo del popote que previamente has ranurado en sus extremos.
- Clava el alfiler en el centro del popote y luego en la goma de borrar, como se muestra en la figura B.

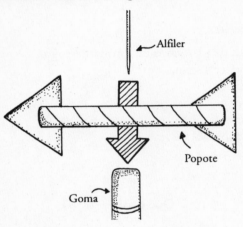

Figura B. Clava la aguja fuertemente en la goma.

- Pega cuatro triángulos sobre la base del vaso, como se muestra en la figura C, y oriéntalos de manera que estén en las direcciones norte-sur y este-oeste.
- Coloca tu veleta sobre una superficie plana afuera de tu casa, en el patio o en el jardín, como se muestra en la figura C.

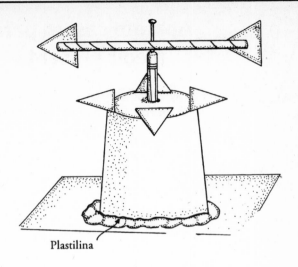

Plastilina

Figura C. Veleta para determinar la dirección del viento.

• Durante una semana, haz el registro de la dirección que adquiere tu veleta debido al viento.

Qué sucedió

La veleta es un instrumento que se emplea en las estaciones meteorológicas para conocer la dirección del viento.

En nuestra veleta casera, la dirección del viento es señalada por el popote que gira alrededor del alfiler, ya que el popote toma la misma dirección en que se mueve el viento.

Es importante señalar que debemos orientar correctamente el vaso de nuestra veleta, de manera que el papel que representa el norte señale efectivamente al norte geográfico.

Aparato casero para medir el viento

En esta actividad construirás un aparato sencillo para medir la velocidad del viento.

Qué necesitas

- Dos transportadores.
- Una pelota de ping pong.
- Hilo de cáñamo.
- Pegamento.
- Una regla.

Qué hacer

- Enhebra la aguja con el hilo y atraviesa con ella la pelota de ping pong como se muestra en la figura A.

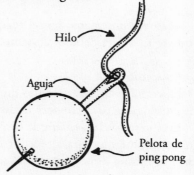

Figura A. Atraviesa la pelota de ping pong con la aguja.

- Saca la aguja y haz un nudo en el extremo del hilo de manera que la pelota no se escape.

- Cuelga el hilo del centro del transportador, como se muestra en la figura B. La pelota debe quedar colgando por debajo del lado curvo. Pega dicho extremo del hilo en el centro del transportador.

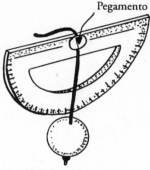

Pegamento

Figura B. Pega con cuidado, y en el centro del transportador, el extremo libre del hilo.

- Pega el otro transportador al primero con algún pegamento que permita que exista un espacio entre ellos. Asegúrate de que el hilo se pueda mover sin dificultad alguna.
- Ahora, con ayuda del pegamento, pega la regla a uno de los transportadores, como se ilustra en la figura C.

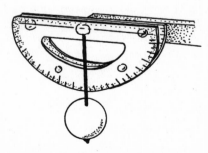

Figura C. El hilo debe poder moverse sin dificultad entre los transportadores.

- Para medir la velocidad del viento, sostén la regla nivelada y paralela a la dirección de éste. (figura D).
- Observa el ángulo alcanzado por el hilo al ser empujada la pelota por el viento.

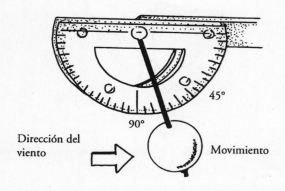

Figura D. Coloca tu medidor en la dirección del viento.

- Para conocer el valor de la velocidad con que se mueve el viento relaciona el valor del ángulo medido con la velocidad que le corresponde según el cuadro que aparece a continuación.

Cuadro. Relación entre el ángulo y el valor de la velocidad.

Ángulo	Velocidad (km/h)
90	0
85	8-11
80	12-14
75	15-17
70	18-20
65	21-23
60	24-25
55	26-27
50	28-30
45	31-33
40	34-36
35	37-39
30	40-43
25	44-48
20	49-54

¿Es posible que el viento nos haga sentir más frío?

La sensación de frío intenso que se experimenta cuando hiela y "hace viento" se debe en primer lugar a que la cara y las partes de cuerpo humano en contacto con el exterior ceden más calor que cuando no hay viento, es decir cuando el aire frío desplaza constantemente al aire calentado por el cuerpo humano. Mientras más fuerte sea el viento, mayor será la masa que entra en contacto con nuestro cuerpo cada minuto y, por consiguiente, mayor será la cantidad de calor que ceda nuestro cuerpo en el mismo tiempo.

El viento nos hace sentir más frío en climas donde la temperatura es baja.

¿Puede el viento hacer que sintamos calor?

En climas tropicales (calurosos), el viento puede hacernos sentir más calor. En ellos el aire suele estar más caliente que nuestro cuerpo y ese calor se nos transmite. Por esto, entre mayor sea la masa de aire que entra en contacto con el cuerpo cada minuto, más fuerte será la sensación de calor (figura A).

Viento

Figura A. Conforme aumenta la velocidad del viento, se incrementa la sensación de calor.

Puesto que la transpiración en el ser humano aumenta con el viento, los habitantes del desierto llevan vestiduras largas y turbantes para protegerse del calor y así evitar la deshidratación (figura B).

Figura B. Los habitantes del desierto llevan turbantes y vestiduras largas para asegurar una temperatura más agradable y evitar la deshidratación.

¿Qué es la energía eólica?

La energía eólica es la energía del viento, la cual se manifiesta cuando los objetos, árboles y molinos se mueven debido a la acción que ejerce el viento sobre ellos.

La energía eólica es una fuente indirecta de la energía solar, debido a que los movimientos en la atmósfera son resultado de la acción intermitente del Sol sobre el aire, la tierra y el mar. A nivel mundial se han medido velocidades del viento con el objeto de contabilizar los recursos eólicos.

Desde tiempos remotos el ser humano ha utilizado la fuerza del viento para desplazar barcos en el mar, hacer funcionar máquinas como los molinos de viento, para bombear el agua y moler el grano; en la actualidad los generadores eólicos se utilizan para producir electricidad.

Algunos de los primeros trabajos sobre generación de electricidad se realizaron en Dinamarca a principios del siglo xx, con generadores de 30 kilowatts, que se siguen utilizando hasta la fecha. Fueron útiles durante las dos pasadas guerras mundiales, cuando había escasez de carbón y otros combustibles. Durante la segunda guerra mundial existían 88 centrales eléctricas eólicas, con capacidad de 70 kilowatts cada una.

La escasez de energía y la contaminación del medio ambiente han despertado un creciente interés por el viento como fuente de energía primaria en todo el mundo. La energía del viento es generalmente convertida en energía mecánica o eléctrica con los sistemas de molino de viento.

En México existe una zona óptima para el aprovechamiento de la energía eólica, ubicada en el Istmo de Tehuantepec, en el estado de Oaxaca, conocida como La Ventosa. Esta zona es importante por la intensidad y constancia de los vientos que soplan en dicha región, con velocidades de más de 240 km/h. Se trata de un sitio excepcional, donde se podrían generar grandes cantidades de energía.

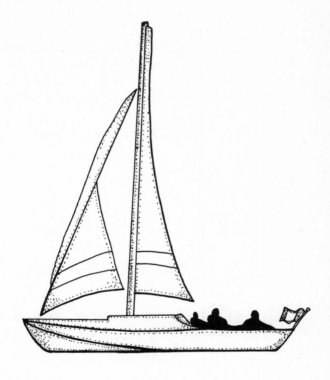

Los veleros poseen velas para recoger el viento y así avanzar.

La velocidad del viento

El almirante inglés Sir Francis Beaufort inventó una escala de 0 a 12 para indicar la fuerza del viento. Esta escala se basó en los efectos que produce el viento sobre los árboles y casas. Más tarde, se agregó el valor de la velocidad del viento. Esta escala se utiliza, si no existe ningún otro instrumento disponible, para medir la velocidad del viento.

Si quieres relacionar la escala con su velocidad, une las dos columnas mediante una línea cuando las figuras sean iguales.

Escala			Velocidad del movimiento
0	☺	☺	4-24 km/h, brisa suave.
1-3	☺	☹	47-74 km/h, viento fuerte.
4-5	😐	☺	Menos de 4 km/h, calmo.
6-7	☹	😐	25-46 km/h, viento moderado.
8-9	☹	☹	111-150 km/h, tormenta.
10-11	☹	😠	Más de 150 km/h, huracán.
12	😠	☹	75-110 km/h, ventarrón.

II
La atmósfera

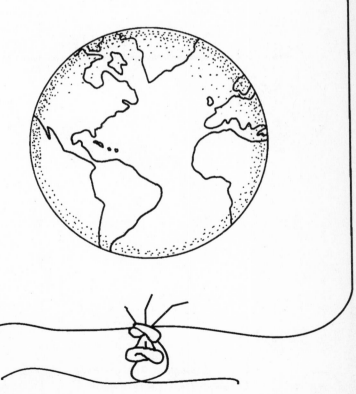

¿De qué está rodeada la Tierra?

La Tierra, nuestro planeta, está rodeada por una capa de aire. Esta capa es indispensable tanto para los animales como para los vegetales. Protege al hombre de la lluvia, los meteoritos y las radiaciones nocivas emitidas por el Sol; además, atenúa las variaciones de temperatura entre el día y la noche. Si deseas conocer el nombre de esta capa, acomoda en los espacios en blanco las consonantes que aparecen en el círculo.

Esta capa recibe el nombre de:

| A | | Ó | | E | A |

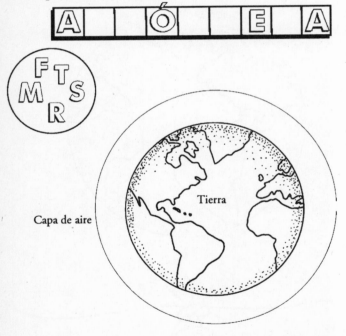

Capa de aire

Tierra

La capa de aire que rodea a la Tierra la protege de las radiaciones nocivas y de los meteoritos.

¿Cómo fue la primera atmósfera terrestre?

La atmósfera terrestre ha ido cambiando a lo largo del tiempo. Cuando la Tierra se formó, su superficie era una masa de rocas líquidas que al enfriarse formaron la corteza. Mientras se enfriaban, la atmósfera primitiva se formaba con vapor y gases venenosos expulsados por los volcanes en erupción.

Si quieres conocer cómo era la atmósfera, coloca de manera correcta, en los espacios en blanco del siguiente párrafo, las palabras que aparecen en el recuadro de la clave.

Hace unos 3 500 _____ de años no había _____ en el _____.
Tampoco existía la capa de_____ para proteger a la Tierra de los _____de alta energía del Sol.

¡Qué bueno que cambió la atmósfera!

clave

millones
oxígeno
aire
ozono
rayos

Estructura de la atmósfera

La atmósfera tiene una estructura en la que se distinguen cinco capas:

1. **La troposfera.** A pesar de que es delgada, contiene el 80% del aire. Su altura promedio es de 12 kilómetros.
2. **La estratosfera.** En esta capa el aire es cada vez más escaso, de modo que estando a 30 kilómetros de altura, se está sobre el 99% del aire total. Esta capa va de los kilómetros 12 al 50.
3. **La mesosfera.** Esta capa se extiende de los kilómetros 50 al 90.
4. **La termosfera.** Esta capa abarca de los 90 a los 500 kilómetros.
5. **La ionosfera.** Esta capa se encuentra a 500 kilómetros de distancia respecto a la Tierra.

De acuerdo con lo anterior, escribe en los espacios en blanco de la figura de abajo, los nombres de las capas que conforman la atmósfera.

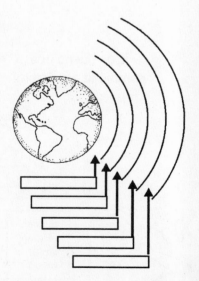

Capas de la atmósfera.

¿Qué es la troposfera?

Si quieres conocer la respuesta a esta pregunta, en el siguiente párrafo coloca, en los espacios en blanco, las palabras que aparecen en el recuadro de la clave de acuerdo con el número del espacio.

La capa inferior de la ¹_____ comprendida entre el ²_____ y la ³_____, de la cual está separada por la ⁴_____. Esta capa varía en ⁵_____ entre 10 y 20 km. La menor ⁶_____ se halla en la parte superior, –50°C, pero el ⁷_____ se calienta a medida que se acerca a la superficie. Todos los elementos que se combinan para producir el ⁸_____ están en esta capa.

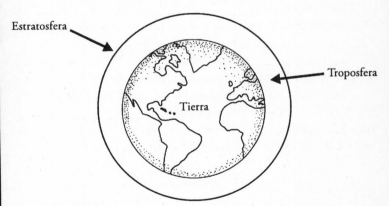

Estratosfera

Troposfera

Tierra

Las dos primeras capas de la atmósfera terrestre.

clave

1. atmósfera	5. altura
2. suelo	6. temperatura
3. estratosfera	7. aire
4. tropopausa	8. tiempo

¿Qué es la estratosfera?

La respuesta a esta pregunta la encontrarás en el siguiente párrafo, si colocas en los espacios en blanco las palabras que aparecen en el recuadro de la clave, de acuerdo con el número del espacio.

Es la segunda región de la [1]_____ a partir del [2]_____, situada entre la [3]_____ (interior) y la [4]_____ (superior). El límite [5]_____ de la estratosfera es una [6]_____ ideal, la [7]_____ en la cual cesa la disminución que se observa en la [8]_____ al elevarse a partir del suelo.

A la altura de los [9]_____ se sitúa a una altura comprendida entre los 6 y 8 km. En las regiones [10]_____ la altitud es de 17 km. El límite [11]_____ puede situarse hasta 70 km de altitud en el ecuador. Dentro de ella se forma una capa separada de [12]_____. Éste absorbe los rayos ultravioletas más intensos del Sol, dañinos para la [13]_____ y [14]_____ terrestres. Los aviones de reacción vuelan ahí porque el aire es más estable en esta capa.

Clave

1. atmósfera
2. suelo
3. troposfera
4. mesosfera
5. inferior
6. superficie
7. tropopausa

8. temperatura
9. polos
10. ecuatoriales
11. superior
12. ozono
13. flora
14. fauna

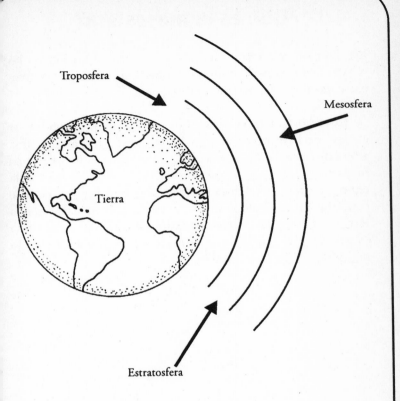

Troposfera

Mesosfera

Tierra

Estratosfera

Las tres primeras capas de la atmósfera terrestre.

¿Qué es la mesosfera?

En el siguiente párrafo coloca en los espacios en blanco las vocales faltantes para completar las palabras, a fin de que puedas conocer la respuesta a esta pregunta.

La mesosfera es la capa __tm__sf__r__c__ situada por encima de la estr__t__sfer__. La m__sosf__r__ alcanza una altura de cerca de 90 km del suel__. Esta capa es m__s fría en su parte s__per__ __r, cerca de –80°C a 90°C, la cual es la temp__r__tur__ más baja de toda la __tmósf__r__, pero se calienta hacia abajo por su cercanía con el calor de la estr__tosf__r__ (a una temperatura de 0°C). La mesopausa es la sup__rf__ci__ que constituye el límite entre la m__sosf__r__ y la termosfera.

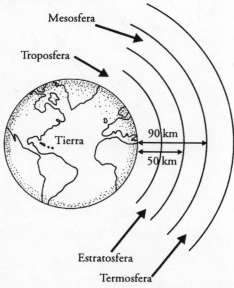

La mesosfera se encuentra entre los 50 y 90 km del suelo terrestre.

¿Cuál es la última capa de la atmósfera?

Es la capa superior de la atmósfera, donde ocurre la disipación de ésta en el espacio extraterrestre. En esta capa, el cielo es casi negro y no existe la propagación del sonido. No tiene un límite superior preciso, se extiende de uno a varios millares de kilómetros de altitud. En esta zona la presencia de aire es reducida, algunos satélites que investigan el tiempo en órbitas polares están en esta capa.

Si quieres conocer el nombre de esta capa de la atmósfera, encuentra la salida del laberinto.

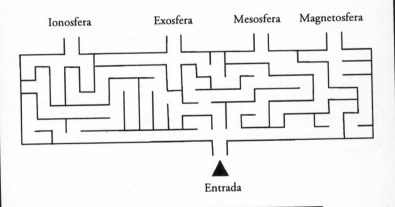

Ionosfera   Exosfera   Mesosfera   Magnetosfera

Entrada

Durante sus choques, muchos átomos y partículas adquieren velocidad suficiente para perderse en el espacio interplanetario.

¿Cómo se llama esta capa de la atmósfera?

Esta capa de la atmósfera contiene gases que absorben parte de las radiaciones dañinas del Sol y, por lo tanto, se calienta. La temperatura en su cima (a unos 500 km del suelo) puede llegar a 2 000°C, pero decrece al descender. Esta capa se encuentra ubicada entre la mesosfera y la exosfera.

Si quieres conocer el nombre de esta capa de la atmósfera, coloca en las casillas en blanco las letras que las relacionan mediante líneas.

Se trata de la

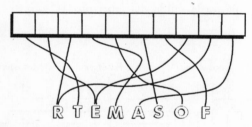

R T E M A S O F

En esta capa, la atmósfera absorbe una parte de las radiaciones dañinas.

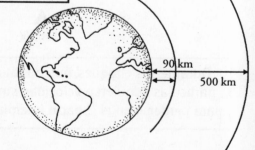

90 km
500 km

Esta capa se encuentra entre la mesosfera y la exosfera.

¿Qué nombre recibe la capa exterior de la atmósfera?

A la salida del laberinto encontrarás el nombre de esta capa exterior de la atmósfera terrestre que no contiene gases, pero que forma una barrera que impide que muchas partículas del espacio lleguen a la superficie terrestre. En esta capa la actividad solar genera fenómenos magnéticos. La mayoría de los satélites artificiales están arriba de ella.

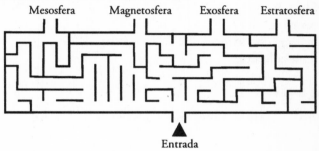

Mesosfera   Magnetosfera   Exosfera   Estratosfera

Entrada

Esta capa recibe el nombre de_____

Esta capa atrapa muchas partículas del cosmos, pero no la luz solar.

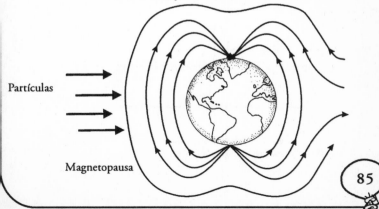

Partículas

Magnetopausa

¿El aire pesa?

Con esta actividad podrás comprobar que el aire sí pesa.

Qué necesitas

- Dos globos.
- Hilo cáñamo.
- Tres clips.
- Una regla de madera.
- Cinta adhesiva.

Qué hacer

- Amarra la regla con el hilo exactamente a la mitad.
- Con ayuda del clip suspende la regla, tal como se muestra en la figura A.

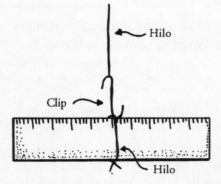

Figura A. Al ser suspendida por el hilo, la regla debe permanecer en forma horizontal.

- En cada extremo de la regla suspende mediante un clip y un trozo de hilo un globo sin inflar, como se ilustra en la figura B.

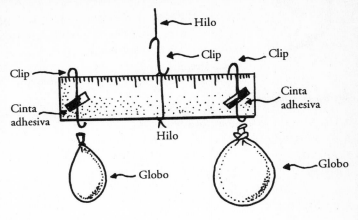

Figura B. La regla permanece de forma horizontal con los dos globos sin inflar en sus extremos.

- Los clips se deberán desplazar de manera que la regla quede de forma horizontal. En estas condiciones debes colocar la cinta adhesiva a los clips para que queden fijos a la regla.
- Ahora, retira un globo e ínflalo; una vez inflado vuélvelo a unir al clip y suspende la regla para observar su comportamiento en dichas condiciones. ¿A qué crees que se deba tal comportamiento?

Qué sucedió

Cuando los dos globos son suspendidos sin inflar, la regla permanece de forma horizontal en equilibrio. Cuando se cuelga el globo inflado, la regla se inclina debido a que contiene aire, y éste, como cualquier otro cuerpo, tiene peso. Es decir, el globo inflado (con aire) pesa más que el globo sin inflar (sin aire).

¿Un vaso especial?

En este experimento reconocerás que la presión del aire evita que se derrame el agua contenida en un vaso cuando éste se invierte boca abajo.

Qué necesitas

- Un vaso de vidrio con borde liso.
- Una hoja de papel.
- Tijeras.
- Agua.

Qué hacer

- Con las tijeras, recorta un cuadrado de papel cuyo lado sea mayor que el diámetro del vaso.
- Llena el vaso con agua hasta el borde.
- Coloca el cuadrado de papel sobre el borde del vaso de manera que cubra la boca de éste.
- Coloca tu mano sobre el cuadrado de papel y con firmeza da vuelta al vaso.
- Retira con cuidado tu mano del cuadrado, sosteniendo el vaso con la otra mano.¿Qué observas?

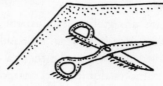

Figura A. ¿Qué sucede al retirar tu mano?

Qué sucedió

Si todo lo hiciste con cuidado, el agua permanecerá en el vaso. Si no funcionó, inténtalo otra vez. No te des por vencido.

El aire de la atmósfera ejerce una presión en todas direcciones en todos los cuerpos que se encuentran en ella. Esta presión conocida como *presión atmosférica*, es la que evita que el agua salga del vaso invertido, ya que la presión ejercida por el agua contenida en el vaso es equilibrada por la presión atmosférica.*

*Gutiérrez, Carlos, *Aprende física jugando*, IPN.

¿La presión atmosférica está en todas las direcciones?

En esta actividad evidenciarás que el aire atmosférico ejerce una presión en todas direcciones.

Qué necesitas

- Un embudo.
- Un globo.
- Unas tijeras.
- Hilo.

Qué hacer

- Con ayuda de las tijeras recorta el globo, a fin de formar una membrana elástica.
- Con esta membrana cubre la boca ancha del embudo; una vez estirada, átala muy fuerte al embudo con un trozo de hilo, como se muestra en la figura.
- Por el otro extremo del embudo absorbe con tu boca un poco de aire del interior del embudo y observa lo que le sucede a la membrana elástica.
- Realiza esta misma operación, pero pon el embudo en diferentes direcciones y observa cada vez la membrana.

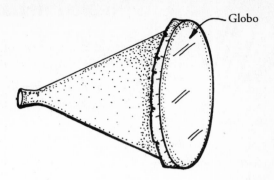

Globo

Hay que aspirar muy fuerte y observar la membrana elástica del globo.

Qué sucedió

Al absorber el aire del interior del embudo, puedes observar que la membrana adquiere una forma cóncava, es decir, se deforma hacia el interior sea cual sea la dirección en que se coloque el embudo.

Al absorber el aire del interior del embudo, se produce un desequilibrio entre las presiones, tanto del aire interior como del aire exterior sobre la membrana. Como en estas condiciones la presión atmosférica es mayor que la presión en el interior del embudo, la membrana se deforma hacia dentro.

Este fenómeno se produce en todas las direcciones en que se coloque el embudo porque la magnitud de presión atmosférica es igual en todas ellas.

Presión del aire

Con esta actividad podrás reconocer la presencia de la presión atmosférica.

⚠️ **Realiza esta actividad bajo la supervisión de un adulto.**

Qué necesitas

- Un plato hondo de fondo plano.
- Un vaso de vidrio.
- Algodón.
- Alcohol.
- Pinzas.
- Cerillos.
- Agua.

Qué hacer

- Vierte en el plato un poco de agua, de manera que su profundidad sea ligeramente mayor de cinco milímetros.
- Toma con las pinzas el algodón previamente humedecido con el alcohol. Tapa el frasco de alcohol y retíralo.
- Toma con las pinzas el algodón con alcohol y enciéndelo con un cerillo con mucho cuidado, después colócalo en el centro del plato con agua. De inmediato coloca el vaso boca abajo sobre la flama del algodón, como se muestra en la figura.

Algodón con alcohol

Al momento de invertir el vaso y colocarlo sobre el plato, debes estar seguro de que el interior del vaso está seco.

• ¿Qué observas al dejar el vaso sobre el plato? ¿A qué crees que se deba?

Qué sucedió

Se observa que el agua del plato se introduce en el vaso, dejando casi seco el plato. Esto se debe a lo siguiente: el aire en el interior del vaso se calienta con la flama del algodón y se dilata, o sea que además del oxígeno consumido por la combustión, una parte del aire se escapa. Al ser apoyado el vaso en el fondo del plato, la cantidad de aire resultante es menor y al enfriarse su presión también es menor. Como la presión atmosférica es mayor que la presión en el interior del vaso, el agua del plato se ve obligada a introducirse en el vaso.

Experimento

¿Cuánta es la presión de la atmósfera?

En esta actividad podrás darte cuenta de que el aire atmosférico ejerce una fuerza sobre la superficie de los cuerpos en contacto con él.

Qué necesitas

- Una hoja de papel periódico.
- Una regla delgada de madera de 30 cm.
- Un martillo.

Qué hacer

- Coloca la regla sobre la mesa, de modo que una tercera parte de ella sobresalga del borde de la mesa. En seguida da un golpe violento con el martillo a la regla en su extremo libre y observa lo que sucede. Evita que tus compañeros se pongan enfrente de la regla.

- Vuelve a colocar la regla sobre la mesa y sobre ésta la hoja de papel periódico, como se muestra en la figura. Procura que el periódico quede bien extendido sobre la mesa, para esto, alisa cuidadosamente los pliegues del centro hacia los bordes. Golpea nuevamente con el martillo la parte de la regla que sobresale de la mesa. El golpe debe ser violento e intenso. Evita golpear la mesa.

El golpe del martillo sobre la regla debe ser fuerte e intenso.

• ¿Qué le sucede a la regla en este caso? ¿Por qué?

Qué sucedió

En el primer caso, la regla se levanta de forma rápida, basculándose sobre el borde de la mesa. Sin embargo, en la segunda situación, si el golpe es lo suficientemente fuerte, la regla se rompe sin que el periódico se eleve.

El que se haya podido romper la regla se debe a que al alisar la hoja de papel periódico sobre la mesa, se expulsa el aire que hay debajo de éste, lo que provoca que el aire atmosférico sólo lo presione en su cara externa. Puesto que el aire atmosférico al nivel del mar presiona con una fuerza aproximada de un kilogramo fuerza* por centímetro cuadrado, la fuerza neta sobre toda el área total de la hoja de papel periódico resulta ser igual que la fuerza del golpe del martillo sobre la regla. Como la regla no logra levantar el papel que la cubre al ser golpeada por su extremo libre, se rompe.

*El kilogramo fuerza corresponde al peso de un objeto que tenga una masa de un kilogramo.

¿Puede el aire atmosférico impedir que un líquido fluya a través de un orificio hecho en el recipiente que lo contiene?

En esta actividad vas a comprobar que la presión atmosférica es tan grande que puede evitar la caída del agua a través de un orificio pequeño.

Qué necesitas

- Un salero con tapón.
- Agua.
- Colorante vegetal.
- Vaso.

Qué hacer

- Al agua contenida en el vaso ponle una gota de colorante vegetal.
- Vierte el agua coloreada en el salero; llénalo. Tapa los orificios del salero con tu dedo e inviértelo rápidamente, como se muestra en la figura A.

Figura A. Una vez invertido el salero, retira tu dedo. ¿Qué observas?

• ¿Qué sucede? ¿A qué se debe dicho comportamiento?

Qué sucedió

Al invertir el salero, el agua no fluye por los orificios debido a que en cada orificio aparece una película formada por agua a causa de una propiedad llamada *tensión superficial* y a que la presión atmosférica equilibra la presión que ejerce el agua (agua y aire en el interior) contenida en el salero.

La presión atmosférica llega a ser tan grande que puede sostener una columna de agua de una altura aproximada de 10 m.

¿Qué es un barómetro?

Es un instrumento que sirve para medir la presión atmosférica.

Tú puedes construir un barómetro si llenas de mercurio un tubo de cristal largo y lo vuelves boca abajo sin que se vierta su contenido; sumerge el extremo libre en el mercurio de una cubeta y observarás que, a pesar de que el tubo estaba completamente lleno, su nivel bajó y se inmovilizó a unos 760 milímetros de la superficie libre del mercurio en la cubeta. La presión atmosférica, o sea el peso del aire sobre la superficie libre de la cubeta, empujó el mercurio y lo mantuvo a dicha altura (ver figura). Si esto lo haces en la ciudad de México y no al nivel del mar, la altura de la columna del mercurio en el tubo será de 580 mm, ya que su presión atmosférica es menor.

Si quieres saber quien inventó este barómetro, une en el espacio de abajo las sílabas que aparecen una vez que hayas eliminado las letras A, U, G, B y Z del siguiente rectángulo.

```
T O R Z A G A B G
A G A R I G Z U U
B U B A C E A B Z
G Z Z U G B L L I
```

El barómetro fue inventado por el físico y geómetra italiano _____, discípulo de Galileo.

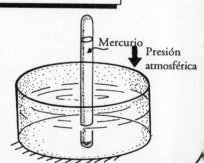

Mercurio

Presión atmosférica

Barómetro de mercurio.

Construye tu propio barómetro

Esta actividad te permitirá construir, con equipo casero, un barómetro con el que podrás medir la presión atmosférica.

Qué necesitas

- Una botella de plástico transparente y alta (de 1.5 litros).
- Un recipiente de plástico (o una palangana).
- Una regla de plástico de 30 cm.
- Plastilina.
- Cinta adhesiva.
- Hilo cáñamo.
- Hojas de papel.
- Agua.

Qué hacer

- Coloca un trozo de plastilina en el fondo del recipiente y úsalo para mantener la regla derecha.
- Llena con agua entre cinco y ocho cm de altura del recipiente de plástico o la palangana.
- Vierte agua en la botella hasta tres cuartas partes de su volumen.
- Con la palma de tu mano en la boca de la botella, inviértela y colócala en el recipiente (o la palangana).
- Retira tu mano, pero mantén la botella derecha con la otra.
- Ata con el hilo cáñamo la regla a la botella.
- Haz una escala sobre una tira de papel y pégala en la botella, como se muestra en la figura.
- Marca el nivel del agua en la tira de papel.
- Observa si el nivel del agua es variable durante el día, y a lo largo de una semana.

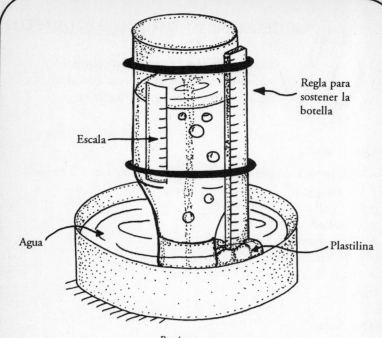

Regla para sostener la botella

Escala

Agua

Plastilina

Barómetro casero

Qué sucedió

El nivel del agua en la botella ascenderá o descenderá según aumente o disminuya la presión atmosférica.

Marca el nivel del agua en la botella durante siete días y mide la distancia entre la primera marca y la que se hace cada día.

El aire presiona la superficie libre del agua en el recipiente. Si la presión atmosférica aumenta, entra más agua en la botella, y el nivel del agua sube. Si la presión baja, sucede lo contrario. Cuando aumenta la presión, por lo general mejora el clima; cuando desciende es que se aproxima el mal tiempo.

¿Cómo funciona un popote?

En esta actividad podrás evidenciar que un líquido puede ascender por el interior de un popote o tubo si la presión en la parte superior es menor que la que se ejerce en la parte inferior.

Qué necesitas

- Dos popotes.
- Un vaso.
- Agua.

Qué hacer

- Sumerge el popote en el vaso con agua y aspira con tu boca a través del extremo libre del popote. ¿Qué sucede?
- Ahora coloca uno de los extremos de los dos popotes en tu boca y sumerge un extremo de uno de los popotes en el agua del vaso, mantén el otro extremo del otro popote en el aire, como se muestra en la figura de abajo, y aspira de nuevo. ¿Qué sucede?

¿Por qué no asciende el agua cuando uno de los popotes se encuentra fuera del recipiente?

Qué sucedió

Cuando se aspira sólo con un popote, el agua se eleva del vaso a la boca, pues al succionar por el extremo superior del popote se retira el aire del mismo y de la boca, con lo que disminuye la presión en el interior. Como la presión atmosférica sobre la superficie libre del agua del vaso resulta ser mucho mayor que la que existe en la parte superior del popote, se genera una diferencia de presiones que hace que el agua ascienda.

En el segundo caso, cuando se aspira con los dos popotes, es muy difícil si no imposible, tomar el agua, pues uno de los popotes continúa trayendo aire al interior de la boca, con lo que la presión interior es casi igual a la del exterior. Al no existir una diferencia apreciable de presiones, el agua no asciende.

¿Puedes inflar un globo si en vez de soplar aspiras?

Al realizar esta actividad se pone de manifiesto la existencia del aire atmosférico, el cual puede inflar un globo cuando la presión exterior de éste disminuye.

Qué necesitas

- Un globo.
- Un frasco de vidrio con tapa.
- Dos popotes.
- Un trozo de hilo.
- Plastilina.
- Un martillo.
- Clavos.
- Una tabla de madera.

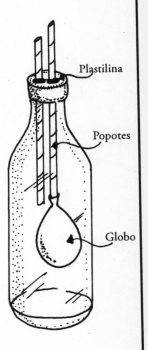

Plastilina

Popotes

Globo

Qué hacer

- Con la ayuda del martillo, la tabla de madera y los clavos, haz dos perforaciones en la tapa del frasco para que puedas insertar los popotes. Estas perforaciones, con los popotes dentro, las sellarás con plastilina para asegurar que no haya fuga de aire. A uno de los popotes, amárrale en uno de los extremos el globo, como se ilustra en la figura.

Debes colocar suficiente plastilina para evitar fugas entre las perforaciones de la tapa y los popotes.

- A continuación, tapa el frasco de vidrio y sopla por el extremo del popote que tiene amarrado el globo en el otro extremo y observa lo que sucede. Después, sopla por el extremo exterior del otro popote y observa qué pasa. ¿A qué se debe?
- Ahora viene lo interesante: aspira por el extremo exterior del popote que no tiene el globo en su extremo y observa.

Qué sucedió

En el primer caso el globo se infla, pues el aire que se expulsa por la boca penetra en el interior del globo, desplazando por el otro popote parte del aire encerrado en el frasco. En la segunda experiencia, al soplar por el otro popote, el globo se comprime aún más, pues el poco aire que contiene el globo es forzado a salir al aumentar la presión en el interior del frasco.

Ahora bien, cuando se aspira por el popote que no tiene el globo, disminuye la presión a la que éste está sometido, de manera que el aire atmosférico que está a mayor presión empieza a penetrar por el extremo abierto del popote hasta llegar al interior del globo, aumentando así su volumen.

¿En dónde se forma el clima?

La mayor parte de los cambios climáticos ocurren en esta parte de la atmósfera. Se encuentra debajo de la estratosfera. Es la parte más activa de la atmósfera y aquí el aire se halla en constante movimiento. Además, contiene casi toda el agua de la atmósfera, bien como nubes, bien como vapor de agua.

Si quieres conocer el nombre de esta parte de la atmósfera, en el espacio en blanco acomoda en orden ascendente las sílabas de acuerdo con el número que tienen en las fichas.

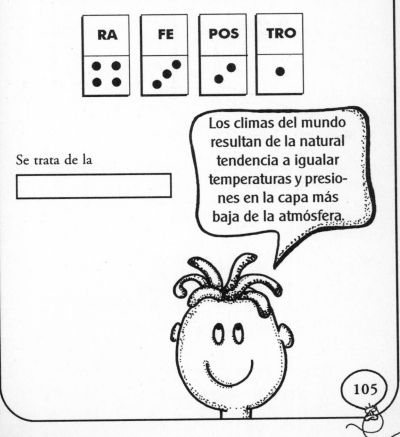

Se trata de la

Los climas del mundo resultan de la natural tendencia a igualar temperaturas y presiones en la capa más baja de la atmósfera.

¿Atmósfera estable
y atmósfera inestable?

En la atmósfera el aire caliente se eleva y el frío desciende; el primero soporta más humedad, es decir, más vapor de agua. Cuando se eleva el aire caliente, como en la figura A, se dice que la atmósfera es inestable.

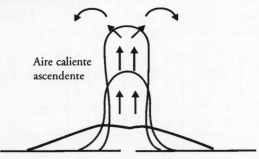

Aire caliente
ascendente

Figura A. El aire caliente se eleva.

Donde desciende aire frío (figura B), a la atmósfera se le describe como estable.

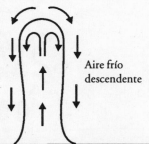

Zona de mezcla
y enfriamiento

Aire frío
descendente

Figura B. El aire frío desciende.

Si quieres conocer el nombre que reciben las corrientes de aire cálido ascendentes, coloca en las casillas en blanco las letras que las unen siguiendo las líneas.

Se trata de las corrientes

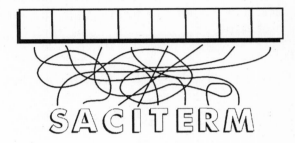

Cuando las masas de aire bajan por una ladera se comprimen y se convierten en vientos secos y templados. El efecto es más patente en primavera, cuando pueden derretir la nieve muy rápido. Se les llama *vientos föhn* en los Alpes y *chinook* en el oeste de Norteamérica.

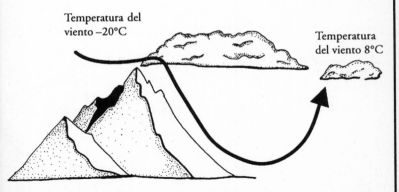

Temperatura del viento −20°C

Temperatura del viento 8°C

Figura C. Los vientos föhn *elevan la temperatura del medio.*

Las masas de aire

En ciertas zonas de la atmósfera, las masas de aire toman las características ambientales del lugar donde se forman. A fin de que identifiques las características de las diferentes masas de aire, relaciona mediante una línea las figuras iguales que aparecen en ambas columnas.

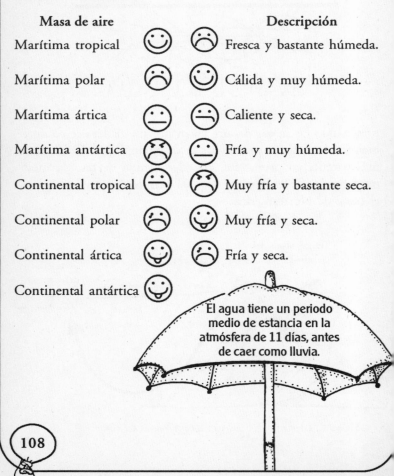

Masa de aire			Descripción
Marítima tropical	☺	☹	Fresca y bastante húmeda.
Marítima polar	☹	☺	Cálida y muy húmeda.
Marítima ártica	😐	😑	Caliente y seca.
Marítima antártica	😣	😐	Fría y muy húmeda.
Continental tropical	😑	😠	Muy fría y bastante seca.
Continental polar	😦	😋	Muy fría y seca.
Continental ártica	😋	☹	Fría y seca.
Continental antártica	😋		

El agua tiene un periodo medio de estancia en la atmósfera de 11 días, antes de caer como lluvia.

¿Qué es el efecto invernadero?

El *efecto invernadero* es el término usado para describir cómo la Tierra se mantiene caliente por los gases atrapados en la parte inferior de la atmósfera. Si no existiera este efecto, se calcula que la temperatura promedio cerca de la superficie de la Tierra sería de −15°C (es decir, una temperatura inferior a los 0°C).

A la salida del laberinto encontrarás los nombres de los gases de la atmósfera que provocan el efecto invernadero, ya que pueden ser atravesados por las radiaciones solares de alta energía para calentar la Tierra, pero absorben la radiación de baja energía que ésta emite hacia arriba y estos gases vuelven a enviar energía aún más baja en todas direcciones, elevando la temperatura cerca de la superficie terrestre.

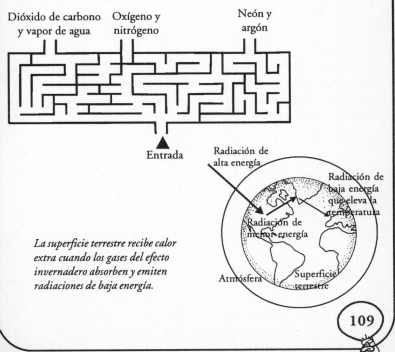

Dióxido de carbono y vapor de agua

Oxígeno y nitrógeno

Neón y argón

Entrada

Radiación de alta energía

Radiación de baja energía que eleva la temperatura

Radiación de menor energía

Atmósfera

Superficie terrestre

La superficie terrestre recibe calor extra cuando los gases del efecto invernadero absorben y emiten radiaciones de baja energía.

Más sobre el efecto invernadero

En esta actividad podrás comprender cómo se produce el efecto invernadero.

Qué necesitas

- Una bolsa transparente de plástico.
- Dos termómetros.
- Hilo.

Qué hacer

- Coloca uno de los termómetros dentro de la bolsa de plástico. Ciérrala y ubícala cerca de una ventana abierta, de tal manera que la luz solar incida en ella.
- Coloca el otro termómetro cerca de la bolsa que tiene el primer termómetro, procura que la luz solar incida también sobre él (figura A). Registra las temperaturas iniciales en la tabla de abajo. Cada cinco o diez minutos toma las lecturas de los termómetros y anótalas.

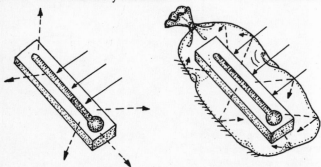

Figura A. Después de algunos minutos, el termómetro que está en el interior de la bolsa de plástico registra una temperatura mayor que el que se encuentra a la intemperie.

Resultados

Cuadro. Comparación de temperaturas

Tiempo (min.)	Temperatura a la intemperie (°C)	Temperatura en el interior de la bolsa (°C)

Qué sucedió

A pesar de que ambos termómetros inician con la misma temperatura, al cabo de cierto tiempo la temperatura medida en el interior de la bolsa es mucho mayor que la registrada por el termómetro que se encuentra afuera de la bolsa. Esto sucede porque los rayos solares pueden atravesar de forma muy fácil la bolsa. Pero, una vez en el interior se convierten en radiaciones de menor frecuencia (calor), las cuales no puedan salir muy fácil, provocando así una elevación de la temperatura en el interior de la bolsa. Este fenómeno se conoce como *efecto invernadero*.

Este efecto se presenta en la atmósfera de la Tierra. Algunos científicos creen que el aumento del dióxido de carbono en el aire, como resultado de su emisión por la industria hacia la atmósfera, ha incrementado el efecto invernadero (figura B), pues consideran que el dióxido de carbono absorbe los rayos caloríficos y los radia nuevamente de regreso a la Tierra, evitando así que escapen hacia el espacio exterior.

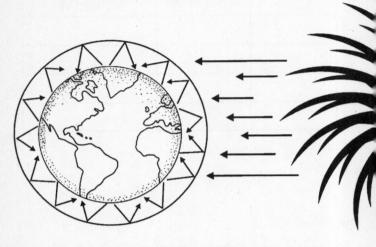

Figura B. El incremento de dióxido de carbono en la atmósfera ha aumentado el efecto invernadero.

III
El vuelo

¿Cuáles fueron los primeros seres voladores?

Hace más de 200 millones de años, en el tiempo de los dinosaurios, vivieron las primeras criaturas que podían volar. Las alas de estos seres voladores no estaban hechas de plumas, sino de piel correosa. Por ello los científicos no los consideran pájaros. Sus alas extendidas medían aproximadamente siete metros. Si quieres conocer el nombre de esa criatura voladora, coloca en las casillas las letras siguiendo las líneas que las unen.

Estos seres voladores se llamaban:

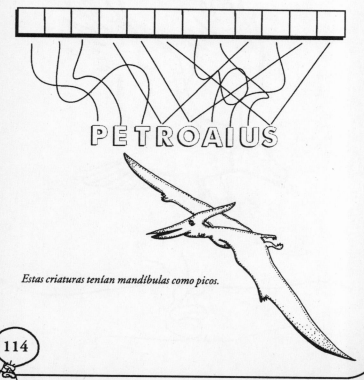

P E T R O A I U S

Estas criaturas tenían mandíbulas como picos.

¿Cuál fue el primer pájaro?

La primer criatura que los científicos consideran ave vivió hace 140 millones de años y evolucionó de dinosaurios que no podían volar; era del tamaño de un cuervo y su cuerpo y sus alas tenían plumas.

Para conocer el nombre de esta ave, coloca en los espacios en blanco las letras que se encuentran en la clave, de acuerdo con el número asignado a éstas y a los espacios.

Se trata del

1	5	3	6	2	10	7	8	2	5	4	9

Clave

1. A	6. U
2. E	7. P
3. Q	8. T
4. I	9. X
5. R	10. O

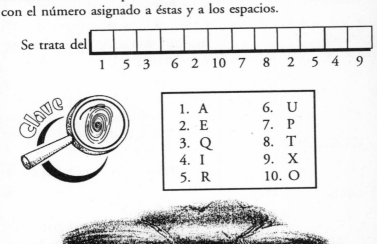

Los científicos han encontrado restos (fósiles) de esta ave enterrados en las rocas. Tenía dientes y garras en sus alas para trepar a los árboles.

Aves y vuelos sorprendentes

Si quieres conocer algunas de las aves más sorprendentes y sus hazañas de vuelo, relaciona las dos columnas mediante una línea que una el nombre del ave con sus características, las cuales están escritas con el mismo tipo de letra.

Nombre del ave

Gaviotín del ártico

Ganso barrado

Cóndor andino

Colibrí

Características

Es el pájaro más pequeño del mundo; sólo mide 57 mm desde el pico hasta la cola.

Esta ave vuela todos los años desde el Círculo Ártico hasta la Antártida y viceversa, para poder pasar el verano en los polos.

Es el pájaro volador más grande del mundo, mide 3.2 m entre los extremos de sus alas extendidas.

Esta ave cruza las montañas del Himalaya a más de 8 000 m de altura, tan alto como los aviones jet.

El gaviotín del ártico es el ave que viaja más lejos. Todos los años vuela desde el Círculo Ártico hasta la Antártida y viceversa. Pasa el verano en los polos.

Las aves y sus diferentes tipos de alas

La forma de las alas de las aves determina su forma de volar. Si quieres conocer las características del vuelo de las aves con la forma de sus alas, relaciona mediante una línea las figuras iguales que se encuentran en las dos columnas.

La *golondrina* tiene alas curvas y puntiagudas. Su forma aerodinámica hace que el aire corra rápidamente sobre ella. Es un ave veloz.

El *halcón* peregrino es un ave de rapiña que, una vez que divisa a su presa, se puede arrojar sobre ella a una velocidad de 180 km/h.

El *ganso* blanco tiene alas largas y anchas, por lo que no necesita agitarlas con rapidez. Vuela distancias muy grandes.

El *grajo* tiene alas anchas y romas, las mueve lentamente. Realiza vuelos cortos.

Las aves están hechas para volar

El cuerpo de la mayoría de las aves es liviano y aerodinámico. Sus líneas suaves les permiten atravesar el aire de manera fácil. Las alas tienen una forma especial, redondeada en la parte superior y curvada en la inferior. Esto es en forma de *aerofil* y ayuda a que el ave levante el vuelo al mover sus alas.

Las largas *plumas primarias* son para dar potencia al ave durante el vuelo. Por su parte, las *plumas secundarias* ayudan a darle forma aerodinámica y la parte llamada *cobija* da su forma redondeada a la parte superior. Las *plumas de la cola* las utiliza para guiarse en el aire.

En las líneas en blanco del siguiente esquema, escribe el nombre de las plumas o parte del ala señaladas por las flechas.

Partes importantes del ave para el vuelo.

¿Puede elevar el soplido?

Con esta actividad constatarás que si soplas en paralelo a la cara superior de una hoja, puedes elevarla.

Qué necesitas

- Una hoja de papel tamaño carta.
- Unas tijeras.

Qué hacer

- Recorta una tira de la hoja de papel de un ancho aproximado de 3 cm.
- Sujeta un extremo de ésta y colócala debajo de tus labios inferiores, como se muestra en la figura.
- Deja que el otro extremo se curve hacia abajo. En estas condiciones, sopla con fuerza de manera horizontal por encima del papel.

Figura A. Sopla fuertemente y observa el comportamiento de la tira de papel.

Tira de papel

¿Qué observas? Repite para verificar tu respuesta.

Qué sucedió

La tira de papel se eleva cuando soplas por encima de ella. Cuando se sopla por encima del papel, el aire fluye más rápido y tiene menos presión que el aire de abajo. La diferencia de presión entre ambas caras de la tira de papel hace que ésta se eleve. Este fenómeno es el que provoca la elevación de los techos de las casas cuando el viento sopla muy fuerte.

Los vientos fuertes son capaces de provocar la elevación de los techos de las casas.

¿Cómo levantar una hoja de papel?

Experimento

En esta actividad podrás evidenciar que la disminución de presión sobre un cuerpo puede ser provocada por el desplazamiento del aire que se encuentra sobre dicho cuerpo.

Qué necesitas

- Un vaso térmico (de unicel).
- Una hoja de papel.
- Un lápiz.

Qué hacer

- Perfora el fondo del vaso con la ayuda del lápiz, en la parte central, de manera que la perforación tenga un diámetro aproximado de 0.5 cm.
- De la hoja de papel recorta un cuadrado de 8 x 8 cm y colócalo en la superficie de la mesa.
- Pon el vaso sobre la hoja de papel, como se muestra en la figura A.

Figura A. Emplea un vaso de unicel con una perforación en su centro. La perforación puede tener un diámetro igual al de un lápiz, aproximadamente 0.5 cm.

121

- Ahora coloca tu boca dentro del vaso, como se ilustra en la figura B, de manera que al soplar sólo se escape el aire por el hoyo que se hizo. Una vez hecho lo anterior, separa unos milímetros el vaso del papel, sopla muy fuerte y observa.

Figura B. *Mientras estés soplando, el papel permanecerá unido al vaso perforado.*

Qué sucedió

Al soplar, la hoja de papel en lugar de alejarse del vaso, es atraída por éste. Dicho efecto es una consecuencia de la disminución de presión entre la base del vaso y la hoja de papel, debido al aumento de la velocidad del aire entre ellos. El hecho de que la hoja de papel sea atraída se debe a que la presión que ejerce el aire que se encuentra debajo de la hoja, es mayor que la presión que existe encima de ella.

La moneda saltarina

El propósito de este experimento es ilustrar que al disminuir la presión sobre una moneda se puede provocar la elevación de ésta.

Qué necesitas

• Un vaso.
• Una moneda de diez centavos.
• Una regla.

Qué hacer

• Coloca la moneda a una distancia aproximada de 1 cm del borde de la mesa y a 2 cm del vaso, como se muestra en la figura.
• Aproxímate al borde de la mesa y sopla fuerte y muy rápido en forma paralela a la mesa, pero por encima de la moneda, y observa lo que sucede. Si la moneda no entra al vaso en este primer intento, aléjalo, inclínalo menos o acércalo hasta que lo logres. En cada ocasión el soplido debe ser intenso y corto.

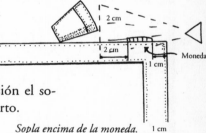

Sopla encima de la moneda.
El soplido debe ser fuerte y corto.

Qué sucedió

Al soplar por encima de la moneda se disminuye la presión que se ejerce sobre ella, porque aumenta la velocidad del aire que circula sobre ella. Esta disminución provoca en la moneda un salto hacia arriba y un movimiento hacia el vaso, ya que la presión que ejerce el aire atrapado entre la mesa y la moneda es mayor que la que se ejerce sobre ella durante el soplido.

123

¿Quién fue el científico que dijo que la fuerza muscular del hombre no le permitía volar?

Al ser humano siempre le ha obsesionado volar. Por ejemplo, en el siglo XV, Leonardo da Vinci diseñó bocetos de máquinas voladoras. Sin embargo, un fisiólogo y físico italiano nacido en 1608 y muerto en 1679 llegó a la conclusión de que era imposible para el hombre volar sirviéndose de la fuerza de sus músculos.

Si quieres conocer el apellido de este científico, en el espacio en blanco une las sílabas conforme aparezcan una vez que elimines las letras que aparecen tres o más veces en el siguiente cuadro:

```
X Y D X Y U C M
A B O U M X D A
M C D R E A M U
A U M D C L L I
```

Se trata de Giovanni _____.

124

¿Ala de un avión?

En este ejercicio podrás evidenciar que mediante la aplicación del *principio de Bernoulli* se puede explicar la sustentación del ala de un avión.

Qué necesitas

- Una lámina de cartulina de 15 x 10 cm.
- Un lápiz.
- Una aguja.
- Pegamento.
- Hilo cáñamo.

Qué hacer

- Toma la lámina de cartulina y dóblala a unos 9 cm de uno de los extremos, como se ilustra en la figura A.
- Enrolla la parte más larga (la de 9 cm) alrededor del lápiz para dejarla curvada como se ilustra en la figura B.

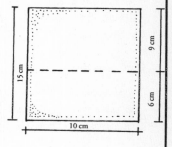

Figura A. Dimensiones de la cartulina.

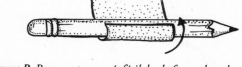

Figura B. Para que te sea más fácil dar la forma deseada a la cartulina, enrolla los 9 cm de ésta.

- Desdobla la cartulina y pega los extremos de manera que la parte superior del ala esté curvada a la cara inferior plana, como se muestra en la figura C.

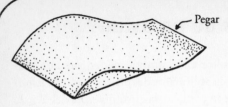

Figura C. Le debes dar a la cartulina forma de ala.

- Ahora enhebra el hilo de unos 50 cm de longitud en la aguja y atraviesa el ala, alrededor de un tercio del lugar donde fue doblada la cartulina. Asegúrate de que el ala pueda desplazarse fácilmente por el hilo. Al realizar lo anterior, sujeta el hilo entre ambas manos y sopla directamente hacia el extremo del ala por donde fue doblada y observa.

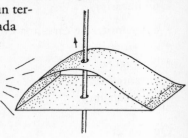

Figura D. Al soplar al mismo nivel, el ala ascenderá.

Qué sucedió

Al soplar, el ala se mueve hacia arriba del hilo. Como el aire que pasa por encima de la curva del ala va más rápido que el aire que va por debajo, ejerce menor presión sobre el ala (principio de Bernoulli) que la presión del aire que pasa por debajo (figura D). Por tanto, la fuerza ejercida hacia arriba sobre la parte inferior del ala es mayor que la fuerza ejercida hacia abajo sobre la parte superior. Existe una fuerza neta dirigida hacia arriba, que origina la sustentación y elevación del ala.

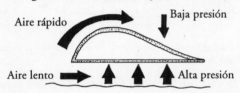

Aire rápido

Baja presión

Aire lento

Alta presión

Figura E. En este diagrama se ilustra que la presión en la parte baja del ala es mayor que la presión en la parte superior.

¿Cuál es el nombre de esta aeronave?

Esta aeronave es más pesada que el aire, pero se sostiene en él debido a la presión del viento sobre los planos que la componen y a la velocidad con que viaja.

Si quieres conocer el nombre de esta aeronave, encuentra la salida del laberinto.

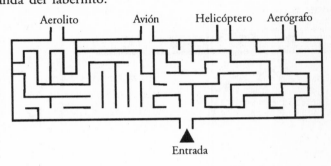

Se trata del _____.

Algunas de estas aeronaves viajan a una velocidad mayor que la del sonido.

¿Cómo se mantienen los planeadores en la atmósfera?

Los planeadores son llevados por aviones a cierta altura de la atmósfera, pero una vez ahí pueden usar las corrientes de aire cálido, es decir, las corrientes térmicas. Cuando están sobre ellas, el piloto debe mantenerse en estas corrientes, a fin de evitar que el planeador descienda. En los días cálidos, un planeador puede volar cientos de kilómetros.

El planeador aprovecha las corrientes térmicas para volar.

Tipos de aeronaves

A fin de que identifiques el nombre de las aeronaves que corresponden a las características de la columna de la derecha, coloca en forma conveniente en los espacios en blanco que aparecen a la izquierda las siguientes vocales: A, E, O.

Tipo de aeronave   **Características**

	R		S	T		T		C	

Aparatos más ligeros que el aire y que por tanto vuelan en virtud de la fuerza ascendente que ejerce el aire sobre ellos.

	R		P	L		N	

Aeronaves más pesadas que el aire y cuya sustentación se produce contra los planos inclinados de las alas.

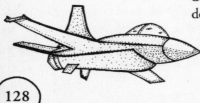

¿Un avión muy rápido?

Es un avión franco-británico, el cual efectuó su primer vuelo el 2 de marzo de 1969, y su primer enlace comercial el 26 de enero de 1976 a Río de Janeiro, vía Dakar. Este avión comercial, primer avión de línea civil supersónico, es el avión de línea más rápido del mundo.

Tiene una envergadura de 25.56 m y una longitud de 62.17 m y puede transportar de 100 a 139 pasajeros. Hace un recorrido de París a Nueva York en tres horas 30 minutos a 5 485 m de altura. Si quieres conocer el nombre de este avión, coloca en las casillas las letras que se relacionan con éstas mediante líneas.

Se trata del

O C N E D R

Esta aeronave puede viajar a una velocidad de 2 333 kilómetros por hora.

Un poco de historia del paracaídas

El primer tipo de paracaídas fue patentado por el francés Jacques Garnerin (1769 – 1823), el 11 de octubre de 1802.

Desde la antigüedad, los acróbatas chinos utilizaban una especie de paracaídas de bambú y de papel para divertir al público. El físico francés Sébastien Lenormand fue quien le dio su nombre al *paracaídas*.

Pero el primero que efectuó un salto auténtico en paracaídas fue Jacques Garnerin el 22 de octubre de 1797. Se elevó en globo sobre el parque de Monceau en París, y cuando alcanzó la altura de unos 800 m cortó la cuerda que sujetaba el globo a la barquilla; ésta descendió colgada de un paracaídas.

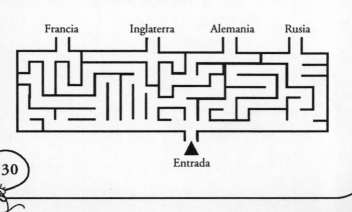

El primer lanzamiento desde un avión fue efectuado por el estadunidense Albert Berry, que saltó desde un avión biplano en Missouri el 1º de marzo de 1912.

Si quieres saber cuál fue el primer país que utilizó en 1935 el paracaídas con fines militares, encuentra la salida del laberinto.

Francia   Inglaterra   Alemania   Rusia

Entrada

IV
El aire y el cuerpo humano

¿Qué es la respiración?

Por lo común llamamos respiración, al intercambio de gases entre el organismo y su medio, es decir, al acto de aspirar (tomar) el oxígeno y exhalar (desprender) el dióxido de carbono.

Si quieres conocer en qué tipo de órganos se realiza el intercambio de gases, escribe las vocales adecuadas en las siguientes palabras.

P_LM_N_S
BR_NQ_I_S
TR_Q_E_

La gente obtiene el oxígeno por medio de la respiración. Cuando inspiras introduces aire en tus pulmones. Dentro de ellos, el oxígeno pasa a la sangre, es llevado a todo el cuerpo y participa de las reacciones químicas que liberan energía de los alimentos. El dióxido de carbono que también se produce en tu cuerpo se elimina cuando exhalas.

¿De qué órganos se trata?

Estos órganos del ser humano están constituidos por dos masas esponjosas y elásticas de aproximadamente 1.2 kg, de color rosa en el niño o niña y grisáceo en el adulto (debido a las impurezas respiradas y al alquitrán en los fumadores) cuya función es extraer el oxígeno del aire y liberar el cuerpo del gas carbónico que ha producido.

Si quieres conocer el nombre de estos órganos coloca las letras en las casillas en blanco siguiendo las líneas que las unen.

Se trata de los

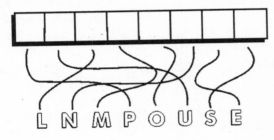

L N M P O U S E

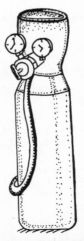

La capacidad promedio de estos órganos es de 5 litros en los adultos.

¿Cómo es el ciclo aspiración-exhalación en el ser humano?

El ciclo aspiración-exhalación en el ser humano no es constante, cambia a lo largo de su vida.

Si quieres conocer cómo varía dicho ciclo en las diversas etapas de desarrollo del ser humano, une mediante líneas la columna de la izquierda con la de la derecha cuando la etapa del ser humano y el ciclo aspiración-exhalación tenga la misma figura.

Etapa del ser humano			Ciclo aspiración-exhalación (veces por minuto)
Bebé	😛	😐	20
Niño o niña	☹️	😛	35
Adolescente	😐	🙂	15
Adulto	🙂	☹️	25

En promedio el hombre respira 670 millones de veces.

134

¿Cuántas veces respira un atleta?

Una persona adulta en estado de reposo tiene un ciclo respiratorio de 15 aspiraciones-exhalaciones por minuto. Este ciclo se incrementa con el esfuerzo que realizan los atletas durante los ejercicios y las competencias.

Si quieres conocer el ciclo respiratorio de un corredor de maratón, tacha todos los números que aparecen dos o más veces; el número restante corresponderá a dicho ciclo. Después, regístralo en el espacio correspondiente.

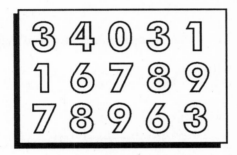

El atleta puede respirar _____ aspiraciones-exhalaciones por minuto.

> Un corredor de maratón que recorre los 42 km en dos horas y media respira 6 000 veces, mientras que alguien que no es atleta sólo lo hace 2 000 veces al realizar actividades cotidianas.

135

¿Cuánta masa de aire circula en los pulmones?

Aunque en promedio la capacidad total de los pulmones es de 5 litros, las necesidades del ser humano son mucho menores, de 0.5 litros en promedio. Es decir, la masa de aire que circula en los pulmones es de 0.5 litros en cada movimiento respiratorio.

Si quieres conocer la cantidad de aire expresada en litros que necesita un adulto para vivir un minuto, una hora, etc., realiza las siguientes operaciones.

Cantidad de aire que necesita un adulto para vivir:

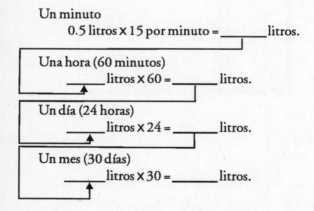

Un minuto
0.5 litros × 15 por minuto = _____ litros.

Una hora (60 minutos)
_____ litros × 60 = _____ litros.

Un día (24 horas)
_____ litros × 24 = _____ litros.

Un mes (30 días)
_____ litros × 30 = _____ litros.

> Una mujer respira en promedio, a lo largo de su vida, 352 millones de litros de aire.

¿Qué es la apnea?

Es la suspensión de la respiración. Si quieres conocer el tiempo máximo que una persona en estado consciente dejó de respirar, elimina todos los números que se repiten dos o más veces en el siguiente cuadro; los números que queden corresponderán a dicho tiempo, expresado en segundos.

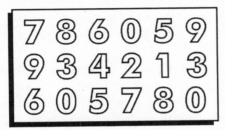

El récord es de _____ segundos.

¡Durante este tiempo un individuo normal respiraría más de 100 veces!

¿Las plantas sólo respiran de noche?

Es un error bastante habitual creer que las plantas respiran "al contrario" que los animales, tomando dióxido de carbono y desprendiendo oxígeno; o bien que sólo respiran de noche, e incluso que no respiran.

Nada de esto es cierto; las plantas, además de hacer la fotosíntesis (tomar dióxido de carbono y desprender oxígeno), también toman oxígeno y desprenden dióxido de carbono. Son dos procesos diferentes que se realizan en la planta en órganos diferentes.

La función respiratoria no se detiene nunca, mientras que la fotosíntesis se paraliza cuando no hay luz. Cuando se detiene la fotosíntesis, la respiración en las plantas se hace más intensa, por ello resulta una buena medida sacar las plantas de la habitación mientras estamos durmiendo, ya que están consumiendo oxígeno, pero no lo están reponiendo.

De día predomina el desprendimiento de oxígeno.

De noche predomina el consumo de oxígeno.

138

¿Qué es el hipo?

Es un movimiento convulsivo del diafragma que produce una respiración interrumpida y violenta que causa algún ruido.

Cuando una persona tiene hipo, la frecuencia oscila entre 15 y 60 hipos, de 0.5 segundos cada uno, por minuto, y su duración es variable. Un estadunidense ha pasado más de 60 años con hipo, aunque cabe señalar que si al principio totalizaba unos 40 hipos por minuto, en la actualidad ha logrado descender el número de hipos por minuto.

Si quieres conocer dicho número, realiza la siguiente operación:

$$\frac{10 + 15 - 8 + 19 + (2)\,(2)}{2} = \underline{\hspace{2cm}} \text{hipos por segundo.}$$

¿Qué es el ronquido?

Es hacer ruido bronco con el resuello (respiración violenta) cuando se duerme.

La proporción de personas de una población que roncan es muy variable; el 45% de los adultos ronca de manera intermitente y aproximadamente el 25% de manera cotidiana. La vida en pareja permite distinguir mucho mejor a los que roncan que la vida de soltero; así, se puede estimar que un 86% de los hombres roncan. Si quieres conocer el porcentaje de mujeres que roncan, encuentra la salida del laberinto.

12%   36%   57%   83%

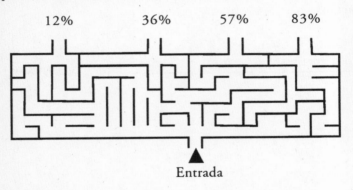

Entrada

iLa intensidad sonora de un ronquido puede corresponder al ruido de un motor diesel de un camión grande!

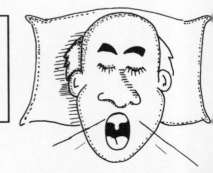

¿Qué es el estornudo?

Es despedir con estrépito el aire que se aspira, por irritación de la membrana pituitaria, la cual tapiza las fosas nasales.

La persona que más ha estornudado fue una mujer inglesa que lo hizo de manera continua durante doce años y ocho meses. Esta pobre mujer estornudó un millón de veces durante el primer año.

Si quieres conocer la velocidad del aire y partículas de saliva durante el estornudo, en los espacios en blanco ordena de manera ascendente los números que aparecen en las fichas de dominó.

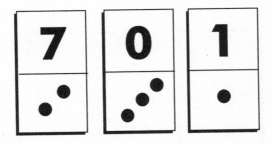

La velocidad del aire y saliva durante el estornudo puede ser de _____ km/h.

Este récord del estornudo no es algo que yo quiera superar.

141

¿Qué es la tos?

Espiración (exhalación) con estrechez de la abertura superior de la laringe (glotis). Va precedida de una elevación de la presión en la tráquea y los bronquios. En el momento de la tos, el aire comprimido en el pulmón es lanzado con violencia hacia la faringe a fin de expulsar mucosidades bronquiales y producir un ruido característico.

Si quieres conocer el máximo valor de la velocidad con que el aire es expulsado a través de la garganta en un ataque de tos, elimina en el siguiente cuadro los números que aparezcan tres o más veces; escribe en el espacio en blanco los números restantes, en el orden en que aparecen.

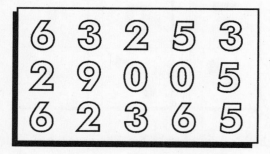

El aire es expulsado durante la tos con una velocidad de _____ km/h.

Diferentes tipos de tos

Existen diversos tipos de tos de acuerdo con su origen. Identifica el nombre de la tos cuyas características se dan en la columna de la derecha. Para esto, debes seleccionar una de las palabras que aparecen en la clave y hacerla corresponder con el número de espacios y letras que aparecen en las casillas de la columna izquierda.

Tos ☐☐☐☐☐☐☐☐☐☐

Tos que sobreviene a consecuencia de la ingestión de los alimentos y que provoca vómito.

Tos ☐☐☐☐☐☐

Tos ronca, gruesa, ruidosa y tenaz. Se presenta en ciertas afecciones laríngeas en el curso del sarampión.

Tos ☐☐☐☐☐☐

Tos cuyo punto de partida se encuentra en enfermedades de órganos distintos de los respiratorios.

¿Cuál es la característica de la tos emetizante?

_____

¿Cuál es la tos que se presenta durante el sarampión?

_____

Clave

emetizante
refleja
ferina

143

¿Cuánto aire hay en una exhalación?

En esta actividad determinarás la cantidad de aire que puedes extraer de los pulmones en una exhalación.

Qué necesitas

- Una manguera de unos 70 cm de largo.
- Una regla.
- Ligas.
- Una palangana.
- Una botella de plástico de 4 litros o de un galón.
- Agua.

Qué hacer

- Une la regla con las ligas a la botella, como se muestra en la figura.
- Llena la botella con agua hasta el borde.
- Con la tapa o la palma de tu mano, cubre la botella e inviértela muy rápido en la palangana. Ésta deberá contener un total de agua igual a la tercera parte de su volumen.
- Retira la tapa o la palma de la mano de la botella e introdúcele uno de los extremos del tubo de plástico.

Sopla fuerte y observa.

- Inspira profundo y, por el otro extremo del tubo, sopla fuertemente en su interior. ¿Qué observas? ¿Cuánta agua puedes desplazar con un soplido? Si desplazaste toda el agua de la botella, utiliza otra con mayor capacidad a fin de que tengas una idea más precisa de cuánto aire guardan los pulmones.

V
Contaminación atmosférica

¿Qué es la contaminación atmosférica?

Es la alteración de la composición del aire atmosférico. El aire que respiramos está compuesto por nitrógeno, oxígeno y pequeñas cantidades de argón, xenón, neón y radón, así como por vapor de agua.

Pero cuando se contamina con otros gases como bióxido de azufre y monóxido de carbono, y partículas como el polvo y las materias fecales, la atmósfera adquiere un olor desagradable y se vuelve turbia.

Si quieres conocer qué nombre recibe este tipo de aire contaminado, coloca en las casillas en blanco, de manera correcta, las letras que se encuentran en el círculo.

Se le conoce como

Fuentes de contaminación del aire

Si deseas conocer cuál es el tipo de contaminación que producen las fuentes contaminantes que aparecen en la columna de la izquierda, coloca la letra *e* en los espacios en blanco de los párrafos de la columna derecha.

Industria química

__sta industria produc__ varios gas__s contaminant__s, __ntr__ __llos __l anhídrido carbónico, _l cual cali__nta la atmósfera, ac__l__rando así la fusión d__ los glaciar__s.

Las centrales térmicas

_stas c__ntral__s produc__n __l__ctricidad qu__mando carbón. Al combinars__ las c__nizas __mitidas con __l vapor d__ agua, s__ produc__n sustancias tóxicas.

Automóviles

Los motor__s d__ los automóvil_s qu_ no son _l_ctricos d__spiden óxidos d_ carbono, d__ nitróg_no y d_ azufr__. __stas sustancias s__ combinan con los gas__s d__l air__ para formar ácidos.

Refrigerantes y aerosoles

Muchos d_ los r_frig_rant_s conti_n_n _l gas clorofluoruro d__ carbono, cuya __misión a la atmósf__ra d__struy__ la capa d__ ozono qu__ nos prot_g_ d_ los rayos ultraviol__ta.

¡En muchos países industriales se ha reducido la producción del clorofluoruro de carbono!

¿Quiénes son las víctimas de la contaminación atmosférica?

Si quieres conocer las cuatro grandes víctimas de la contaminación atmosférica, completa las palabras de la columna de la izquierda, colocando las vocales adecuadas en los espacios en blanco.

Una vez que hayas realizado lo anterior, relaciona dichas palabras mediante una línea con las ilustraciones de la columna derecha.

L__s __n__m__l__s

__l s__r h__m__n__

L__s v__g__t__l__s

L__s m__t__ri__l__s

¿Puede el esmog matar a la gente?

El esmog (contracción de las palabras inglesas *smoke*, humo y *fog*, niebla) sí puede matar a la gente. Basta con recordar lo que sucedió el 8 de septiembre de 1952 en Londres, Inglaterra. El esmog que se presentó ese día era tan espeso que los coches chocaban de frente, los aviones perdían la ruta de vuelo y los peatones caían al río Támesis por la falta de visibilidad.

Si quieres saber cuántas personas murieron a las pocas semanas a causa de las afecciones respiratorias producidas por el esmog de dicho día, realiza la siguiente operación.

$$\frac{6\ 000}{2} + 1000 = \boxed{}$$ personas fallecieron.

A raíz de estos acontecimientos, el gobierno británico tomó una serie de medidas que le han permitido mantener su aire limpio, de manera que 150 especies de animales han vuelto a habitar Londres, contra las 60 que existían en la época del esmog.

¿Por qué los ecologistas se oponen a la tala de árboles?

Existen muchas razones, pero una se relaciona con la producción de oxígeno. Si se cortan los árboles se deja de producir el oxígeno que muchos seres vivos, entre ellos los seres humanos, necesitamos para vivir.

A pesar de esto, se cortan muchos más árboles de los que se plantan. Algunos ecologistas señalan que cada segundo que pasa se tala en el mundo un bosque que equivale al tamaño de un campo de futbol.

Dibuja en el cuadro 1 una región sin árboles y en el cuadro 2, una región con árboles.

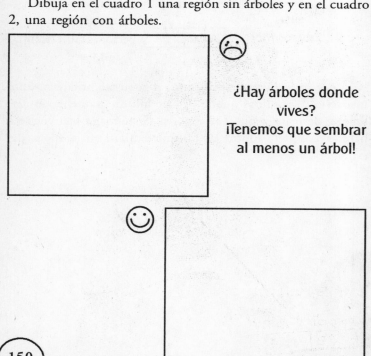

¿Hay árboles donde vives?
¡Tenemos que sembrar al menos un árbol!

La flor detectora de la contaminación

En 1975, investigadores del Tokio Metropolitan Isotope Research Center elaboraron un procedimiento muy original para detectar la contaminación. Se trata de una flor cuyas hojas se cubren de puntitos blancos cuando se presenta en el medio ambiente una concentración de ozono superior a 15 ppm (partes por millón). Aparecen *Necrosis* (destrucción del tejido) y perforaciones del follaje si persiste esta polución. Este procedimiento equivale al funcionamiento de los más refinados instrumentos de detección.

Si quieres conocer el nombre de esta flor, coloca las vocales E, O, I y A en los cuadros en blanco del siguiente texto:

Se trata de una especie de

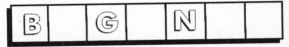

El ozono cerca de la superficie terrestre es nocivo.

151

¿Cuáles son los principales contaminantes en la zona metropolitana de la ciudad de México?

En virtud de que en la zona metropolitana de la ciudad de México operan más de 30 mil empresas industriales, circulan a diario más de tres millones de automóviles y viven más de 17 millones de personas, se emiten continuamente gases contaminantes.

Si deseas conocer, según las secretarías gubernamentales, cuáles son los principales contaminantes, así como su concentración porcentual en el Distrito Federal, relaciona las dos columnas mediante líneas que unan las figuras iguales en ellas.

Principales contaminantes		Concentración porcentual de los contaminantes en la atmósfera
Monóxido de carbono	☺ ☺	5%
Hidrocarburos	☺ ☺	10%
Partículas suspendidas	☺ ☺	13%
Óxidos de nitrógeno	☹ ☺	68%
Óxidos de azufre y otros	☺ ☹	4%

¿Un metal en la atmósfera?

Uno de los contaminantes más nocivos para los habitantes de las ciudades industriales es el *plomo*, que se emite por la combustión de la gasolina en los vehículos y en ciertas industrias como las fundidoras. A pesar de que ya había gasolina casi sin plomo, hace unos años seguía usándose en México la gasolina Nova, la cual tenía de 0.5 a 1.0 mililitros de plomo (tetraetilo de plomo).

Si quieres saber cuántas toneladas de plomo se depositaban anualmente en el aire de la zona metropolitana, coloca en el espacio en blanco el número que aparece en la figura que tiene tres ángulos interiores.

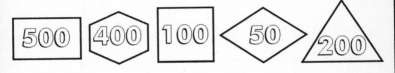

Se depositaban en el aire más de _____ toneladas de plomo.

¡El plomo es un metal nocivo para la salud! Una vez que llega a la atmósfera, permanece ahí hasta que lo respiramos.

¿Bióxido de azufre en la atmósfera?

Otro de los contaminantes más nocivos del aire atmosférico es el *bióxido de azufre*. Este contaminante se genera por lo general al quemar combustible que contiene azufre y por la producción de energía en las plantas termoeléctricas, además de ser generado por los vehículos automotores.

La nocividad de este gas radica en que se transforma en ácido en el aire y contribuye a la formación de la lluvia ácida.

Si quieres saber el nombre del ácido que forma el bióxido de azufre en la atmósfera, coloca en las casillas en blanco de manera correcta las vocales que aparecen en el cuadro.

I O
U U

Se trata del ácido

| S | | L | F | R | | C | |

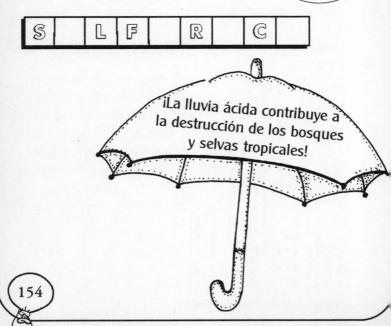

¡La lluvia ácida contribuye a la destrucción de los bosques y selvas tropicales!

154

¿Cuáles son las partículas que están suspendidas en la atmósfera?

Las partículas suspendidas en la atmósfera son producidas por los vehículos, las industrias y la erosión del suelo. Su composición es muy diversa, ya que pueden resultar de la erosión del suelo, de procesos de combustión, de la transformación de otros contaminantes, así como de procesos biológicos. Entre las partículas de origen biológico se encuentran las esporas, las materias fecales, el polen y las bacterias.

Al ser respiradas, las partículas suspendidas más pequeñas pueden pasar a lo más profundo del aparato respiratorio, alojándose en los bronquios y pulmones. Pueden provocar daños en el tejido pulmonar, así como la muerte.

Si quieres saber qué tipo de enfermedades provocan las partículas suspendidas de origen biológico (excremento de animales, esporas, bacterias, etc.), coloca las vocales adecuadas en las casillas en blanco que aparecen a continuación.

Enfermedades

| G | | S | T | R | | | N | T | | S | T | | N | A | L | | S |

¡Las partículas suspendidas se acumulan en nuestro organismo poco a poco!

155

¿Qué es el ozono?

Es un compuesto formado por tres átomos de oxígeno, cuya fórmula es O_3. Es un gas azulino de olor muy fuerte, fue descubierto en 1781 por el físico holandés Martinus van Marum (1750-1837), que observó su olor en el aire atravesado por chispas eléctricas. En 1840 recibió el nombre de *ozono* (del griego *ozein*, despedir un olor), que le fue impuesto por el químico alemán Christian Friedrich Schönbein (1799-1868) y su fórmula fue establecida por Soret.

Para conocer algunas de sus características, coloca la vocal *e* en los espacios en blanco del siguiente párrafo.

Su fu__rt__ pod__r oxidant__ lo hac__ útil para __st__rilizar __l agua o __l air__, para blanqu__ar li__nzos, c__ras o almidón. Tambi__n s__ utiliza para provocar un __nv__j__cimiento artificial d__l vino y d__ los aguardi__nt__s.

Esta bebida puede ser envejecida con ozono.

VINO

¿Por qué es importante la capa de ozono?

Nuestro planeta, la Tierra, está rodeado, a una altitud de 35 km, por una capa de ozono. Éste es formado por la acción de los rayos ultravioleta solares de alta frecuencia (energéticos) sobre el oxígeno. Gracias a sus propiedades absorbentes, el ozono atmosférico detiene los rayos ultravioleta, cuya energía es muy fuerte. Sin esta protección, toda forma de vida sería imposible en la Tierra. Numerosas observaciones prueban que esta capa protectora se está degradando. De 1979 a 1984 disminuyó un 20% sobre el Polo Sur y este descenso continúa. El sur de Argentina, Chile y de Australia se encuentra directamente amenazado por las radiaciones ultravioleta solares indeseables.

Si quieres saber en qué país se incrementó el cáncer de piel en los seres humanos por las radiaciones ultravioleta, une de manera conveniente las sílabas que aparecen en los círculos.

Se trata de

¡Los industriales son los responsables de la degradación de la capa de ozono!

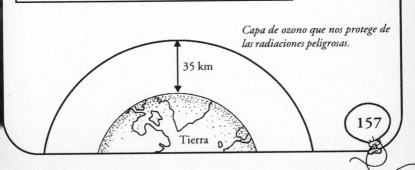

Capa de ozono que nos protege de las radiaciones peligrosas.

35 km

Tierra

157

¿Un agujero en la capa de ozono del Polo Norte?

Hace poco tiempo se descubrió que también en el Polo Norte existe un agujero en la capa de ozono.

En la desaparición del ozono atmosférico contribuye el clorofluoruro de carbono, el cual es utilizado en los aerosoles, en los circuitos de enfriamiento de los refrigeradores o en la fabricación de ciertas materias plásticas. Este gas, al llegar a grandes alturas, es destruido por los rayos ultravioleta, desprendiendo cloro, que se combina con el ozono para producir un compuesto clorado y oxígeno. Si en este momento ya no se emanara clorofluoruro de carbono a la atmósfera, la capa de ozono se seguiría degradando debido al clorofluoruro de carbono (CFC) ya presente. Esto se debe a la duración de este gas nocivo.

Si quieres conocer la duración del clorofluoruro de carbono en la atmósfera, coloca en las casillas los números que se relacionan mediante líneas.

La duración del CFC en la atmósfera es de

□□ a □□□ años.

0 1 2 7

¡Ya hay dos agujeros en la capa de ozono!

Agujeros

Tierra

Capa de ozono

¿A quiénes afecta más el ozono?

La información que hoy día se tiene para evaluar los efectos del ozono es insuficiente para emitir conclusiones definitivas sobre sus efectos en los seres humanos, cuando lo respiramos diariamente. Sin embargo, se sabe que acelera los procesos de envejecimiento celular y que se relaciona con casos de cáncer de pulmón.

Tú puedes saber qué personas son más sensibles al ozono al colocar de manera adecuada las vocales *e* y *o* en los espacios en blanco del siguiente párrafo.

Los b__b__s y l__s niñ__s cuy__s pulm__n__s t__davía __stán __n d__sarr__ll__.

Las p__rs__nas qu__ pasan muchas h__ras d__l día __n la call__.

Las p__rs__nas qu__ r__spiran c__n la b__ca abi__rta.

Las p__rs__nas c__n __bstrucci__n pulm__nar.

Las p__rs__nas c__n __nf__rm__dad__s r__spirat__rias c__m__ br__nquitis y asma.

¿Cómo contaminan los medios de transporte a la atmósfera?

En los últimos años los medios de transporte como automóviles, autobuses y motocicletas se han convertido en una fuente importante de contaminación atmosférica. La contaminación que producen no se debe sólo a que la combustión de la gasolina o el diesel sea incompleta, sino al tipo de combustible que se utiliza, a las condiciones en que se encuentran los motores y a los embotellamientos, en donde los vehículos están detenidos pero consumen combustible y, por ende, contaminan.

Si quieres conocer cómo contaminan la atmósfera los vehículos en circulación, coloca la letra *e* en los espacios en blanco de los siguientes párrafos.

M__diant__ gas__s y humos d__rivados d__l sist__ma d__ combustión, ya s__a por __l tubo d__ __scap__, por __l carburador, __l tanqu__ d__ gasolina o __l cárt__r (qu__ __s un d__pósito qu__ __stá __n la part__ inf__rior d__l motor y conti__n__ __l ac__it__ para su lubricación).
Por partículas d__ caucho qu__ s__ d__spr__nd__n d__ las llantas. __stas partículas son p__ligrosas, ya qu__ __ntran dir__ctam__nt__ al organismo por las vías r__spiratorias.
D__bido al ruido provocado por __l motor y la carroc__ría.

> Los automóviles contaminan la atmósfera. Si se emplearan automóviles eléctricos, la contaminación disminuiría.

¿Cuándo se promulgó la primera ley antipolución?

Carlos IV, rey de Francia, publicó un edicto que prohibía la emisión de gases fétidos en París.

Si deseas conocer en qué año lo hizo, coloca en las casillas los números que las relacionan mediante la línea.

Año de publicación

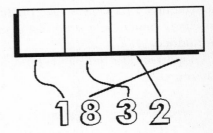

En Inglaterra un decreto del siglo XVIII, prohibía encender hogueras durante las sesiones parlamentarias de Westminster.

En Europa, en 1967, se definió la noción de contaminación atmosférica.

¿En qué lugar se formuló la primera legislación sobre la contaminación atmosférica?

La primera legislación sobre la contaminación atmosférica en la era industrial se puso en vigor el 7 de enero de 1864. Bautizada como *Alcali Act*, respondía a las quejas de las poblaciones cercanas a las fábricas que producían carbonato alcalino, las cuales emitían a la atmósfera grandes cantidades de ácido clorhídrico.

Si quieres saber qué país la formuló, encuentra la salida del laberinto.

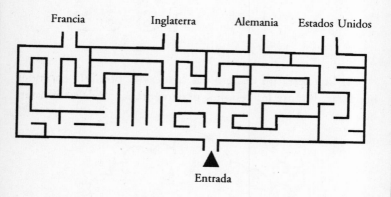

Francia   Inglaterra   Alemania   Estados Unidos

Entrada

Se formuló en_____.

Este ácido en la atmósfera irrita la piel, los ojos y las vías respiratorias.

¿Qué es el IMECA?

En México, el IMECA es el Índice Metropolitano de la Calidad del Aire, el cual es un mecanismo para informar a la población acerca de los niveles que alcanzan los principales contaminantes en el área metropolitana y ciudades del país.

La escala del IMECA es completamente arbitraria, y da valores a la calidad del aire. Estos valores van desde 0 hasta 500 puntos, dependiendo del grado de contaminación. Dicho índice fue establecido después de analizar las concentraciones mínimas y máximas en las que los contaminantes resultan nocivos para la salud.

Tú puedes conocer la relación que existe entre la calidad del aire y la escala del IMECA. Une las dos columnas mediante una línea cuando las figuras de dichas columnas sean iguales.

Calidad del aire			IMECA
Buena	🙂	🙁	401-500
Satisfactoria	🙂	😠	301-400
No satisfactoria	😐	🙁	201-300
Mala	🙁	😐	101-200
Muy mala	😖	🙂	51-100
Pésima	🙁	🙂	0-50

Las normas de la calidad atmosférica

Como resultado de la contaminación atmosférica, diversos países han elaborado normas de calidad atmosférica para limitar dicha contaminación. Estas normas varían según el país o continente que las formula. Para que tengas una idea, en el cuadro de abajo aparecen los datos correspondientes a las siguientes normas:

• Normas mexicanas (norma México)
• Agencia de Protección Ambiental de Estados Unidos (norma USEPA)
• Organización Mundial de la Salud (norma OMS)
• Normas de la OMS para Europa (norma Europa)

Cuadro. Normas-Contaminantes atmosféricos.

Contaminante	Norma México	Norma USEPA	Norma OMS	Norma Europa
Partículas suspendidas totales ($\mu g/m^3$)	275	260	100-150	70-125
Bióxido de azufre (ppm-24h)	0.13	0.14	0.04-0.06	0.05
Monóxido de carbono (ppm-8h)	13	9	10	8.70
Bióxido de nitrógeno (ppm-8h)	0.21	0.05 al año	0.10-0.17	0.21
Ozono (ppm-1h)	0.11	0.12	0.05-0.10	0.076-0.10

Fuente: Finkelman, J., *Medio ambiente y desarrollo en México*, vol. 2, México, Porrúa, 1990.

NOTA: μg = millonésima de gramo. ppm = partes por millón. h = hora. m^3 = metro cúbico

Una vez que hayas analizado el cuadro responde las siguientes preguntas:

1. ¿Qué norma de calidad ambiental tolera menos contaminantes?
   _____.

2. ¿Qué norma de calidad ambiental tolera más contaminantes?
   _____.

3. ¿Qué opinión tienes de la norma mexicana de calidad ambiental?
   _____.

Calidad del aire interior

En la actualidad se reconoce que el aire que respiramos en el interior de la casa, edificios y vehículos puede estar contaminado. Las fuentes de contaminación interior son múltiples: aparatos de calefacción y de cocción, materiales de construcción, productos de limpieza, sistema de acondicionamiento de aire, tabaco y animales.

Algunos de los contaminantes que se encuentran en mayor proporción en el interior de las casas son los *óxidos de nitrógeno* que se obtienen de la combustión del gas natural en las estufas, y los *compuestos orgánicos* volátiles, cuyo origen son los pegamentos, ceras, tabacos, productos de limpieza, desodorantes, insecticidas y pinturas.

La contaminación "interior", principalmente a causa de los muy numerosos compuestos orgánicos volátiles, ciertamente será uno de los principales temas de investigación en los próximos años.

A la salida del laberinto encontrarás el nombre de los países que fueron los primeros en prestar atención sobre la contaminación en el interior de locales y vehículos.

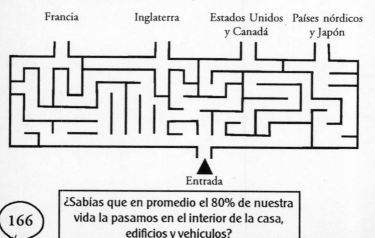

Francia   Inglaterra   Estados Unidos   Países nórdicos
                                  y Canadá   y Japón

Entrada

¿Sabías que en promedio el 80% de nuestra vida la pasamos en el interior de la casa, edificios y vehículos?

¿Qué podemos hacer para disminuir la contaminación atmosférica?

Puesto que la contaminación atmosférica nos afecta a todos, debemos actuar para eliminarla.

Como ciudadanos debemos exigir a nuestras autoridades:

- El mejoramiento del transporte público.
- El establecimiento de leyes y normas ecológicas.
- La verificación de las leyes y normas ecológicas por parte de industrias y prestadores de servicios.
- El rescate, recuperación y protección de las áreas ecológicas deterioradas.

Asimismo, debemos pedir a las industrias que:

- Verifiquen el buen funcionamiento de sus equipos anti-contaminantes.
- Modernicen la tecnología para elaborar sus productos.
- Produzcan vehículos que empleen combustibles que no contaminen el medio ambiente.

Como individuo puedes realizar acciones como ésta:

- Evitar ir en automóvil a la tienda de la esquina o lugares cercanos. Mejor camina.

A continuación escribe otras acciones que puedes llevar a cabo para no contaminar el aire.

1. _____

_____

2. _____

_____

3. _____

_____

Si quieres experimentar... en casa puedes empezar con aire
Tipografía: *ABC, Taller de diseño, edición e impresos sociales*
Negativos de portada e interiores: *Formación Gráfica S.A. de C.V.*
Esta edición se imprimió en junio de 2002,
en *Editores Impresores Fernández S.A. de C.V.*
Retorno 7-D Sur 20 No. 23 México, D.F. 08500